名著导读

一、关于作者

让－亨利·卡西米尔·法布尔（1823—1915）出生于法国南部圣雷翁村一户农家，童年在乡间与花草虫鸟一起度过。由于贫穷，他连中学也无法正常读完，但他坚持自学，一生中先后取得了博士学位、数学学士学位、自然科学学士学位和自然科学博士学位。1857年，他发表了处女作《节腹泥蜂习性观察记》，这篇论文修正了当时的昆虫学祖师列翁·杜福尔的错误观点，由此赢得了法兰西研究院的赞誉，被授予实验生理学奖。达尔文也给了他很高的赞誉，在《物种起源》中称法布尔为"无与伦比的观察家"。1879年，《昆虫记》第一卷问世。1880年，他终于有了一间实验室，一块荒芜不毛但为矢车菊和膜翅目昆虫所钟爱的土地，他风趣地称之为"荒石园"。在余生的35年中，法布尔就蛰居在荒石园，一边进行观察和实验，一边整理前半生研究昆虫的观察笔记、实验记录、科学札记等资料，完成了《昆虫记》的后九卷。1915年，92岁的法布尔在他钟爱的昆虫的陪伴下，静静地长眠于荒石园。

二、主要内容

《昆虫记》是法国昆虫学家、文学家法布尔所著的长篇科普文学作品，完整版共10卷。该作品是一部概括昆虫的种类、特征、习性的昆虫学巨著，同时也是一部富含知识、趣味、美感和哲理的文学宝藏。这部著作的法文书名直译为《昆虫学的回忆》，副标题为"对昆虫的本能及其习俗的研究"。它的文字清新、自然、有趣，语调轻松、幽默、诙谐，基于事实的故事情节曲折奇异。作者将昆虫的多彩生活与自己的人生感悟融为一体，用人性去看待昆虫，字里行间都透露出作者对生命的尊敬与热爱。法布尔以毕生的时间与精力详细观察了昆虫的生活和它们为了生活以及繁衍种族所进行的斗争，然后以其观察所得写成详细确切的笔记。《昆虫记》详细、深刻地描绘了多种昆虫的生活，包括蜘蛛、蜜蜂、螳螂、蝎子、蝉、甲虫、蟋蟀等。《昆虫记》不仅充满着对生命的敬畏之情，更蕴含着探求真相、追求真理的精神。

三、作品梗概

《昆虫记》是19世纪法国杰出的昆虫学家、文学家法布尔的传世佳作，也是一部不朽的世界名著。在该书中，小小的昆虫恪守自然规则，为了生存和繁衍进行着不懈的努力。作者依据其毕生从事昆虫研究的经历和成果，以人性化观照虫性，以虫性反映社会人生，重点介绍了他所观察和研究的昆虫的外部形态、生物习性，真实地记录了几种常见昆虫的本能、习性、劳动、死亡等。

《昆虫记》不仅仅浸溢着对生命的敬畏之情，更蕴含着某种精神。这种精神就是求真，即追求真理，探求真相。这就是法布尔精神。如果没有这样的精神，就没有《昆虫记》，人类的精神之树上将少一颗智慧之果。作者通过生动的描写以及拟人的修辞手法，将昆虫的生活与人类社会巧妙地联系起来，把人类社会的道德、认识搬到了笔下的昆虫世界里。在记录昆虫世界的同时，法布尔传达出他对人类社会的深刻见解，无形中指引着读者在昆虫的“伦理”和“社会生活”中重新认识人类思想、道德与认知的准则。

四、创作特色

《昆虫记》是优秀的科普著作，也是公认的文学经典，它行文生动活泼，语调轻松诙谐，充满了盎然的情趣。

《昆虫记》不同于一般的科学小品或百科全书，它同时散发着浓郁的文学气息。首先，它并不以全面系统地提供有关昆虫的知识为唯一目的。除了介绍自然科学知识，作者还利用自身的学识，通过生动的描写以及拟人的修辞手法，将昆虫的生活与人类社会巧妙地联系起来，把人类社会的道德和认识体系搬到了笔下的昆虫世界里。他透过被赋予人性的昆虫反观社会，传达观察中的个人体验与思考得出的对人类社会的见解，无形中指引着读者在昆虫的“伦理”和“社会生活”中重新认识人类思想、道德与认知的准则。其次，虽然全文用大量笔墨着重介绍了昆虫的生活习性，但该书并不像学术论著一般枯燥乏味，而是行文优美，堪称一部出色的文学作品。作者对自然界动植物声、色、形、气息多方面的描绘都恰到好处，使用了大量栩栩如生的比喻。此外,他凭借自己拉丁文和希腊文的基础,在文中引用希腊神话、历史事件以及《圣经》中的典故,字里行间还穿插着普罗旺斯语或拉丁文的诗歌。法布尔之所以被誉为“昆虫界的荷马”,并曾获得诺贝尔文学奖的提名,除了《昆虫记》那浩大的篇幅和包罗万象的内容之外,优美且富有诗意的语言也是原因之一。

《昆虫记》融合了科学与文学,这也意味着它既有科学的理性又有文学的感性。书中不时语露机锋,提出对生命价值的深度思考,试图在科学中融入更深层的含义。在研究记录之余,作者在字里行间也提及自己清贫乐道的乡间生活、所居住的庭院、外出捕虫的经历,向读者介绍膝下的儿女乃至他的家犬,这正符合“回忆”二字,充满了人情味。可以说,这部作品的感性基调以及动力就是一种对生命的敬畏和关爱,一种对生存的清醒认识,一种对生活的深厚感情。而科学的理性就是得到了这种感性的支持才能持续下去。总之,《昆虫记》记载的情况真实可靠,详细深刻;文笔精练清晰,深受读者欢迎。

五、典型形象

蝉 蝉的音盖是两块坚硬的盖片,嵌得很牢,本身不会动,是靠腹部的鼓起和收缩才使大教堂打开和关闭的。腹部收缩的时候,盖片正好堵住小教堂和音室的音窗,于是声音就变得微弱、嘶哑、沉闷。而当腹部鼓起时,小教堂就被打开,音窗也畅通无阻,这样,发出的声音就嘹亮高亢。因此,腹部的急速晃动伴随牵引音钹的肌肉的收缩,控制着音域的变化,而这声音似乎就是急速拉动弓弦发出的。

螳螂 轻盈的体态、优雅的上衣、淡绿的体色、罗纱般的长翼,它没有张开像剪刀一样凶狠的大颚;相反,它只有一张尖尖的小嘴,似乎是啄食用的。脖子柔韧灵活,露出于前胸之上;头可以旋转,左右灵活,上下自如。所有的昆虫中,只有螳螂能控制自己的视线,随意打量、观察;它几乎还有面部表情。螳螂的髋长而有力,可以帮助它向前抛出捕兽器,变守株待兔为主动出击。捕兽器上有一些装饰,使它显得很美。在里面的一侧,髋的根部饰有一个漂亮的黑色圆点,圆点上有白色斑块,还点缀着几行精致的小珍珠。

蟋蟀 蟋蟀的右鞘翅叠压在左鞘翅之上,几乎将它全部遮盖住,除了裹住两侧的皱襞尚有显露。这同我们看到的绿蝈蝈儿、螽斯、距螽与它们的近亲所表现出来的刚好相反：蟋蟀是右撇子，其余的昆虫都是左撇子。

蟋蟀的两片鞘翅的结构相同。看过了其中一片，另一片的情况也就大概可知了。现在让我们来认识一下右侧的鞘翅。它几乎以平直的角度平贴在背上，侧面突然形成直角斜折下来，翼端布满了倾斜的平行细脉，紧紧地将腹部包住。背上勾画着粗实的深黑色络纹，整体图案看上去复杂而奇异，好像用阿拉伯文字写成的天书。

胡蜂 在胡蜂行会中，首屈一指的黄边胡蜂素以精力旺盛、骁勇善战而闻名，它筑巢的时候也同样采用圆球形构造，利用隔层中间的空气保温的原理。在柳树洞或废弃阁楼的某个角落里，黄边胡蜂造出一个金黄色的硬纸板包，上有环状条纹，非常易碎，由许多木质碎片黏结而成。它的蜂窝呈球形，外壳由大块凸起的鳞状薄片组成，就像焊接起来的瓦片，层层叠叠，各层之间留有很大空隙，可以使空气在那里滞留下来。

黑腹狼蛛 黑腹狼蛛的身材只有前者的一半大，身体朝下的那一面，尤其是肚子下面，装饰着黑色丝绒，腹部有棕色的人字形条纹，爪上画着灰色和白色的圆环。它们理想的住所是干旱多石、在太阳炙烤下百里香茂盛的地方。

彩带圆网蛛 从外表和花纹来看，彩带圆网蛛是法国南部最美丽的蜘蛛目动物。它的肚子有榛果那么大，里面装满了蛛丝，肚子上相间地分布着黄、银、黑三色条纹，因此，它有了“彩带圆网蛛”这个美名。在这圆鼓鼓的肚子的四周，生着八条长腿，腿上有着浅色和棕色的彩环。

朗格多克蝎子 蝎子偏爱的地区植被稀少，在太阳的暴晒和恶劣天气的影响下，直立的页岩裸露出根部，最终倒塌在地，形成一片石堆。通常，人们会在这儿看到蝎子，它们的营地间隔较远，就像同一个家庭的成员移居到了四周，组成了部落。不过，蝎子们过的远远不是什么群居生活。它们对异己极端排斥，酷爱独居，总是独占自己的住所。

只要低下身来，我们通常就会看到住宅的主人正待在自家门前，张开螯钳，翘起尾巴，做出防卫的姿势。有时，蝎子隐士会有一个更深一些的小房间，我们看不到它。要将它引到明处，必须用随身携带的小铲子帮忙。

萤火虫 它有三对运用自如的短腿，用于碎步爬行。到了成虫阶段，雄虫就会像真正的鞘翅科昆虫一样，披上合体的鞘翅。雌虫似乎没有得到上天的宠爱，无法享受飞翔的乐趣，它一生都保留着幼虫阶段的形态，雄虫在成熟和交配之前也是这样的，都是发育不全的。它的色彩也比较丰富，身体是棕栗色，但是胸部，尤其是内侧则是柔和的粉红色。每一节后部的边缘还分别点缀着鲜艳的棕红色小斑点。

六、精彩片段

（一）红蚂蚁

我看见这个“亚马逊人”回到地面后，像无头苍蝇似的到处乱闯，口中依然牢牢地衔着战利品。我见它匆匆忙忙地想去和战友会合，实际上却越走越远。我见它先往回走，然后又远去，左面试试、右面试试，四处摸索，却始终无法找对方向。这个长着强健大颚的好战的奴隶贩子只离开自己的队伍两步远，就迷了路。我记得有好几个这样的迷路者，找了半个多小时都没能回到原路，反而越走越远，可嘴里却始终衔着蚁蛹。它们的结果会怎么样呢？它们又会把战利品怎么样呢？我可没有耐心对这些愚蠢的强盗跟踪到底了。

【**特色赏析**】对于一个微小的生命，没有人会揣测它们的感受，作者给一个在读者眼前庸碌爬行的小虫以人的情绪。“匆匆忙忙”当然是只有人类才有的情感，“左面试试、右面试试，四处摸索”以拟人化的修辞刻画昆虫形象，这些情绪体现在小动物身上，使读者在读书时眼前一亮。

（二）螳螂

科学术语和农民们给它们起的名字竟然不谋而合，它们都把这奇特的生命看作是一个占卜神谕的巫婆，一个出神入化的修女。这样的说法已经大有年头。早在古希腊，螳螂就被叫作“占卜师”“先知”。乡间的农民也不难做出这样的类比，他们用形象的外表大大补充了模糊的概念。他们看见在被太阳光芒烘烤着的草地上，停着一只仪表堂堂的昆虫，神情肃穆地半立着。他们还看见它那宽大的绿色薄翼如亚麻长裙般拖在地上；它向着天空举着前肢，就像人举着手臂一样，摆出一副祷告的姿势。这些已经足够了，剩下的事情会由老百姓的想象力去完成。于是，自古以来，荆棘丛里就住着这么一位占卜神谕的先知、一位诚心祷告的修女。

哦，善良幼稚的人们，你们被表象蒙蔽了自己的眼睛！螳螂虔诚的神情掩藏着残酷的习性。它那祈祷的双臂其实是可怕的掠夺凶器：它们不是用来拨动念珠，而是屠杀经过它身边的其他小生命的凶器。人们恐怕怎么也想不到，螳螂是直翅目食草昆虫中的一个例外，它只吃活的猎物。在和平的昆虫居民中，它是一个凶恶的食肉者、一个巨妖，埋伏着等候猎物，吞噬它们鲜嫩的肉。如果它的力气再大一些，那么加上它嗜肉的胃口、完美可怕的凶器，它一定会是田野里的霸王。"祈祷上帝之虫"实际上就是一个不折不扣的吸血鬼了。

如果撇开致命的凶器不看，螳螂没有任何令人害怕之处。他甚至还不乏高雅：轻盈的体态、优雅的上衣、淡绿的体色、罗纱般的长翼。它没有张开像剪刀一样凶狠的大颚；相反，它只有一张尖尖的小嘴，似乎是啄食用的。脖子柔韧灵活，露出于前胸之上；头可以旋转，左右灵活，上下自如。所有的昆虫中，只有螳螂能控制自己的视线，随意打量、观察；它几乎还有面部表情。

螳螂的整个身体透着安静和祥和，这与它的杀人凶器—被恰如其分地形容 为"残忍锋利"的前肢——形成了强烈的反差。螳螂的髋长而有力，可以帮助它向前抛出捕兽器，变守株待兔为主动出击。捕兽器上有一些装饰，使它显得很美。在里面的一侧，髋的根部饰有一个漂亮的黑色圆点，圆点上有白色斑块，还点缀着几行精致的小珍珠。

螳螂的目的达到了吗？在螽斯光光的脑袋下，在蝗虫长长的面孔后，谁都不知道发生了什么。在它毫无表情的面具后面，我们看不出任何焦躁不安的迹象。不过，有一点可以肯定，这受到威胁的虫子意识到了危险。它看到自己面前出现了一个幽灵，高举着弯钩，准备扑来；它觉得碰到了死神，尽管现在逃跑还来得及，可它却没有这样做。它擅长跳跃，可以轻而易举地跳到螳螂钩爪的远处；它有着粗壮的后腿，是跳跃的健将；可此刻，它却仍傻乎乎地待在原地，甚至还慢慢地向对手靠近。

据说，小鸟看到蛇张开嘴巴，会吓得不敢动弹；它会为蛇的眼光所迷惑，忘记飞走，束手就擒。很多时候，蝗虫也是这样。现在，它已经处在摄其心魄者的控制范围内了。螳螂的两只弯钩猛砸下来，爪子抓住它，两把锯子收拢起来，紧紧将它夹住。可怜的蝗虫徒劳地挣扎着：它的大颚空咬着，绝望地向空中踢着腿。它活该倒霉。螳螂收起翅膀，这是它的战旗；它恢复到正常的姿势，开始用餐。

在进攻蚱蜢、距螽之类不如灰蝗虫或螽斯这么危险的昆虫时，螳螂摆出的幽灵般的姿势就没有那么吓人，持续时间也没那么长。它只要抛出弯钩就足够了。至于蜘蛛，只要把它们横过来抓起，就不用担心会被毒针刺到。那些普通的蝗虫，不管是在我的罩子里还是在野外，都是螳螂的家常菜，螳螂很少会对它们使用威吓手段，它只要将走进其控制范围内的冒失鬼抓住就可以了。

【特色赏析】运用外貌描写、比喻的修辞，表现出螳螂优美的姿态，如果单从外表看，它并不令人生畏，相反，看上去它相当美丽。法布尔惟妙惟肖的描述揭开了昆虫世界弱肉强食的一面。法布尔将螳螂捕食的过程描写得淋漓尽致，它们不仅拥有“武器”，也善于运用“心理战术”来克敌制胜。作者善于运用动词描写螳螂捕食的过程，比如“螳螂的两只弯钩猛砸下来，爪子抓住它，两把锯子收拢起来，紧紧将它夹住”，通过“猛砸”“抓住”“收拢”一系列动词，生动准确再现了螳螂捕食的过程，突出螳螂的动作敏捷。

（三）绿蝈蝈儿

我的绿蝈蝈儿宝贝，要是你的琴拉得再嘹亮些，你就能成为比嘶哑的蝉更加受人欢迎的演奏高手了，而在北方，人们却让你占用了蝉的名字和声誉。这昆虫可真漂亮，全身呈浅绿色，另有两条白色的带子沿着身体两侧。它的身材得天独厚，修长匀称，大大的双翼薄似轻纱，是蚱蜢类昆虫中最优雅的。

黎明时分，我正在家门前徘徊沉思，突然有一样东西从身旁的梧桐树上掉落下来，还伴着尖锐的挣扎声。我疾步上前一看，一只绿蝈蝈儿正在吞吃一只陷入绝境的蝉的肚肠。无论蝉儿怎么呻吟，怎么挣扎，都无济于事，绿蝈蝈儿毫不放松，它将头探入蝉的腹中，一小口一小口地将肚肠拖出来吃掉。

我甚至曾经目睹过绿蝈蝈儿追捕蝉的情景，它勇气百倍，而蝉则惊慌失措，飞行着逃窜。这就好像是雀鹰在高空中追捕云雀一样。不过，这靠掠夺为生的鸟儿却比不上绿蝈蝈儿,它追捕的对象比自己弱小。相反,绿蝈蝈儿攻击的却是一个身材比自己大得多,而且更加强壮有力的巨人。可是,这场力量悬殊的肉搏结果却是毫无疑问的。凭着它强有力的大颚和锋利的钳子,绿蝈蝈儿很少失手,大多数时候能将俘虏开膛破肚,而后者则手无寸铁,只能一边尖叫,一边扭动身体。

【**特色赏析**】法布尔通过自己详尽的观察,用生动活泼的文字给我们介绍了蝈蝈儿这种可爱的昆虫,介绍了它的一些习性,如叫声、食物习性,把蝈蝈儿写得活灵活现。作者详写了蝈蝈儿的食物习性,对蝈蝈儿的叫声进行了略写,用生动传神的语言来表现自己对蝈蝈儿的喜爱之情。写作手法上运用拟人,使得文章自然、亲切,增强了可读性。通过比较手法来写蝈蝈儿,如在写蝈蝈儿的叫声时,拿蝉的叫声作比较;写它喜欢吃肉食时,拿螽斯来作比较;写它追捕蝉时,拿鹰来作比较;写它同类相食时,拿螳螂来作比较。这些比较,既突出了蝈蝈儿的习性,又说明了作者对各种昆虫的习性了如指掌。法布尔笔下的蝈蝈儿是鲜活的,字里行间洋溢着作者本人对生命的尊重与热爱。因此,鲁迅曾把《昆虫记》称为“讲昆虫故事”“讲昆虫生活”的楷模。

(四)小条纹蝶

那个给我小条纹蝶茧的孩子曾得到我玩旋转木马的许诺,但尽管诱惑如此之大,他后来却再也没有找到过第二个茧。三年里,我发动了所有朋友和邻居,尤其是那些在荆棘丛中目光敏锐、手脚麻利的年轻人。我自己也经常在枯叶堆下、乱石丛中,以及空洞的树干里搜寻,可一切都是枉费心机:这珍贵的茧子始终找不到。这一切都说明小条纹蝶在我们这个地区非常稀少,一旦时机成熟,我们就将会看到这个细节的重要性。

正如我所猜想的那样,这独一无二的茧正是那种著名的蝴蝶的。8 月 20 日,从茧里孵化出一只雌性小条纹蝶,它大腹便便,穿着和雄蝴蝶一样的外衣,只是袍子的颜色更加淡雅,呈米黄色。我把它关进钟形金属网罩,放在工作室中央的大桌子上,四周堆满了书、瓶子、瓦罐、盒子、试管和其他器械。这个地方大家已经很熟悉了,大孔雀蝶也曾囚居在这里。工作室的两扇窗户都朝着花园,阳光通过窗户照亮了整个房间。一扇窗户关着,另一扇则不分昼夜地开着。两扇窗户相距四五米，小条纹蝶就被安置在它们中间，处于半明半暗之中。

这天剩下的时间以及第二天，没有发生任何值得一提的事。被囚的小条纹蝶用前爪抓着网罩，趴在朝阳的一面，一动不动。它的翅膀没有丝毫摇摆，触须也没有丝毫抖动。当初大孔雀蝶也是这样。

小条纹蝶妈妈日益成熟，细嫩的肌肉也变得结实起来。它通过某一种不为我们的科学所知晓的变化，孕育着不可抗拒的诱饵，将求爱者从四面八方吸引过来。在它那大腹便便的体内究竟发生了什么事？那里到底完成了什么样的蜕变，会在以后的几天里引起周围天翻地覆的变化？如果能弄清这蝴蝶的奥秘，那我们就能前进一大步。

第三天，蝴蝶新娘准备就绪。婚庆轰轰烈烈地展开了。当时我正在花园里，对实验的成功心灰意冷，因为它拖得实在太久了。下午三点左右，天气炎热，阳光灿烂，我突然看到一大群蝴蝶在敞开的窗洞前盘旋。

这就是前来拜访美人的求爱者。它们有的飞出屋外，有的飞进房间，还有的停在墙上休息，好像因长途旅行而筋疲力尽了似的。我隐约看见有一些蝴蝶越过高墙，越过柏树林的屏障，正从远处飞来。它们来自四面八方，但数量却在逐渐减少。我错过了婚庆开始的场面，此刻，来宾们已经差不多到齐了。

去工作室的楼上看看吧。我又看到了大孔雀蝶在夜间让我初次见到的那令人眼花缭乱的景象，而且这一次是在大白天，我没有漏掉任何一个细节。工作室里盘旋着一片雄性小条纹蝶，我在这混乱飞舞着的蝶群中尽量辨认，用眼睛估算出大约有六十多只。一些蝴蝶围着钟形罩绕了几圈后，飞到了窗外，不过很快又飞了回来，继续盘旋。那些最性急的则停在罩子上，用脚爪相互骚扰推搡，希望抢一个好地方。在罩子里边，被囚的雌蝴蝶将大肚子垂在网纱上，无动于衷地等待着。面对这纷乱的嘈杂，它没有一丝兴奋的表情。

无论是飞出去还是飞回来，是趴在罩子上坚持不懈还是在房间里翩翩起舞，雄蝴蝶们在三个多小时的时间里疯狂地喧闹着，但是，太阳开始西沉，气温慢慢降低，蝴蝶们的热情也随之减退。很多蝴蝶都飞走了，一去不返。剩下的那些找一个地方停下，为明天的狂欢养精蓄锐，它们像大孔雀蝶一样，停在关着的那扇窗的横档上。今天的婚庆到此结束。明天肯定还将继续，因为由于金属网的阻隔，婚庆的目的并未达到。

【特色赏析】运用外貌描写，描述了其外貌特征，用白描手法描述了实验室的场景，语言简洁凝练，数字精确，足见作者为研究所做的准备之充分。这一篇的主人公是小条纹蝶，法布尔为了弄清楚雌性蝴蝶靠什么吸引雄性蝴蝶的问题，前后不惜耗费 4 年的时间，做了多次实验，终于在小条纹蝶的身上找到了答案。文中运用了大量动词刻画场景，让人印象深刻。

（五）黑腹狼蛛

我利用谨慎选定的隐蔽处和这个季节的酷热天气，耐心等待着。功夫不负有心人。终于，一只狼蛛突然从洞里跳了出来，可能是太长时间没吃东西实在熬不住了。发生在瓶子里的悲剧只持续了一眨眼的工夫。一切都结束了：强壮的紫木蜂死了。凶手击中了它身上的什么部位呢？我们一眼就能看出来：因为狼蛛还没有松口，它的獠牙还插在紫木蜂脖子根部的颈背上。凶手果然像我猜想的那样才技过人：它准确无误地直取猎物的命门，将毒獠牙插入对方的脑神经节。总之，它咬的是唯一能让对手猝死的部位。凶手的绝杀知识实在让我钦佩不已，虽然我的皮肤受到了太阳的炙烤，但我得到了补偿。

【特色赏析】片段再现了狼蛛捕食的过程，我们看到作者在自然状态下观察昆虫，运用拟人的修辞刻画昆虫，“才技过人”“将毒獠牙插入对方的脑神经节”“绝杀知识”等词生动形象地再现了狼蛛捕杀猎物的过程，也使表述跃然纸上，令人印象深刻。同时，作者在太阳炙烤下，在自然状态下观察昆虫，让我们感受到作者对生命的关爱，对自然万物的赞美。

巩固训练

一、填空题

1. 法国有一个人耗尽了一生的精力来研究昆虫，并专为昆虫写出了10卷大部头的书，这个人是______；这本书是《__________》。这本书又被译为《______》或《_______》，被誉为“__________”。

2.《昆虫记》的主题：____。

3. 法布尔的《昆虫记》除真实记录昆虫的生活，还透过昆虫世界折射出________。全书充满了对生命的__________，充满了对自然万物的________。

4. 由于《昆虫记》中精确地记录了法布尔进行的实验，揭开了昆虫生命与生活习惯中的许多秘密，达尔文称法布尔为“__________________”。

5. 作者根据大量第一手资料，将昆虫的生活和习性揭示出来，如________在地下潜伏4年，才能钻出地面，在阳光下歌唱5个星期；____________善建巢穴，管理家务；____________善于捕食、织网；__________善于利用“心理战术”制服敌人。

6.《昆虫记》不仅是一部研究昆虫的科学巨著，还是一部讴歌生命的宏伟诗篇，法布尔也由此获得了“________”“________”“________”等桂冠。

7.______不靠别人生活。反倒________是为饥饿所趋乞求哀恳的歌唱家。

8. 在雄蝉的胸前，紧靠后腿的下方，有两块宽大的______，右边的微微叠在左边的上面。这是发音器的气门、顶盖、制音器，也就是________。

9. 事实与寓言相反，______是______的乞丐，而______的生产者是______。

10. 在南方有一种昆虫，与______一样，能引起人的兴趣。但不怎么出名，因为它不能______，它是______。

11. 螳螂凶猛如______，______如妖魔，专食______的动物。

12. 螳螂外表________而________，__________的体色，________的长翼，颈部________，______可以向任何方向自由________。

13. 螳螂是昆虫世界里未来的屠夫，是蝗虫在草丛中的梦魇，是可怕的食肉者，但在它刚出生的时候，却被小小的____吞食。

14.______没有黑色礼服，也没有整个蟋蟀类所特有的臃肿外表。相反，它纤长，娇弱，体色很浅，近乎白色，这与它______的习性十分适合。

15. 蟋蟀它之所以如此名声在外，主要是因为它的_________，还有它出色的____________。

16.   的两块音盖相隔很远，使得小教堂门户大开。两面镜子相对较大，外形好像四季豆。

17. 会结网的______是个______高手。

18. ______和其他蜘蛛一样有着优雅的体形和服饰，在博物学家眼里，它首先是一位天才的______，正因如此，它才得到了那位掌管纺锤的恶魔女神的名字。

19. 蟹蛛十分______，为了自己的安乐窝，可以孜孜不倦地工作。

20. 蟹蛛不会织网打猎，它们那仅有的一点蛛丝是用来______、______的。

21.______这种稀奇的小动物的______上像挂了一盏______似的。

22. 萤火虫生长着_______短短的_______，当雄萤发育成熟，会生出______，像_________一样。

23. 很奇特的是，萤火虫的______是发光的，甚至当它们还在母亲腹部的两侧时也是如此。萤火虫的幼虫，无论雌雄，在身体最末尾的一节都有它们家族的标志——____________。

24. 虽然萤火虫看起来是那么天真温顺，实际上却是一种______，一个打猎时手段毒辣得罕见的猎手，它的主要猎物是______。

二、选择题

1. 昆虫记共有(　　)卷。

A. 8　　B. 9　　C. 10　　D. 11

2. 法布尔被誉为(　　)。

A. 昆虫界的荷马　　B. 昆虫界的圣人

C. 昆虫至圣　　D. 昆虫界的托尔斯泰

3. 昆虫记是一部(　　)。

A. 文学巨著、科学百科　　B. 文学巨著

C. 科学百科　　D. 优秀小说

4. 法布尔为写昆虫记(　　)。

A. 调查了许多资料　　B. 翻阅了许多百科全书

C. 养了许多虫子　　D. 一生都在观察虫子

5. 法布尔的昆虫记曾获得(　　)。

A. 普利策奖　　B. 诺贝尔奖提名

C. 安徒生奖　　D. 诺贝尔奖

6.《昆虫记》是(　　)昆虫学家(　　)的杰作,记录了他对昆虫的观察和回忆。

A. 法国　法布尔　　B. 法国　儒勒·凡尔纳

C. 英国　笛福　　D. 丹麦　安徒生

7. 法布尔曾担任(　　)。

A. 皇家科学院会员　　B. 植物学教授

C. 物理教师　　D. 探测员

8. 法布尔的生活十分(　　)。

A. 贫穷　　B. 富裕　　C. 忙碌　　D. 悠闲

9. 昆虫记透过昆虫世界折射出(　　)。

A. 历史　　B. 社会机制　　C. 社会人生

10. 夏天阳光下的歌唱家是(　　)。

A. 蝉　　B. 蟋蟀　　C. 蝈蝈儿

11.《昆虫记》中蟹蛛爱吃(　　)。

A. 蜜蜂　　B. 蝎子　　C. 蝴蝶

12. 大孔雀蝶是(　　)。

A. 世界上最美丽的蝴蝶　　B. 亚洲最大的蝴蝶

C. 欧洲最大的蝴蝶

13. 蟋蟀舒服的“住宅”是(　　)建造的。

A. 利用现成的洞穴　　B. 自己挖掘

C. 与别的昆虫一起挖掘

14. 下列关于蝉的描述不正确的一项是(　　)

A. 蝉要在地下等待 4 年才能变为成虫。

B. 蝉虽然有排尿的功能,但它本身不具有利尿的药用功能。

C. 蝉刚蜕完皮的体色是黑色的,然后渐渐变绿。

D. 因为生活在漆黑的地下,所以蝉的幼虫是没有视觉的。

15. 实验证明,(　　)能直接辨认回家的方向,而(　　)凭着对沿途景物的记忆找到回家的路。

A. 蚂蚁　　B. 蜜蜂　　C. 蝉　　D. 蜘蛛

16. 关于萤火虫,以下说法错误的是(　　)

A. 萤火虫的卵在雌萤火虫肚子里时就是发光的。

B. 两条发光的宽带是雌萤发育成熟的标志。

C. 雌萤的光带在交尾期如果受到强烈的惊吓,发光会受到影响 。

D. 无论是雌萤还是雄萤从生下来到死去都发着光 。

17. 下面说法正确的是(　　)

A. 蟋蟀的洞穴不豪华且很粗糙。

B. 蟋蟀很珍惜自己的住所,很少搬家。

C. 蟋蟀的住所远胜于所有其他动物,就连人类也没有它高明。

D. 蟋蟀的卧室在洞穴通道的尽头,宽敞、光滑、干净、卫生。

18. 蜘蛛知道蜘蛛网上的猎物的方法是(　　)。

A. 用眼睛看　　B. 用耳朵听

C. 用嗅觉感知　　D. 通过猎物在网上振动感觉

19. (　　)的幼虫都有一种惊人的本领,那就是变固体物质为液体物质。

A. 萤火虫　　B. 黄蜂　　C. 圆蛛

20. 下面对《昆虫记》的表述错误的一项是(　　)

A.《昆虫记》是优秀的科普著作,也是公认的文学经典。鲁迅把它奉为“讲昆虫生活”的楷模。

B.《昆虫记》的作者是英国人法布尔,该书又名《昆虫物语》或《昆虫学札记》,被誉为“昆虫的史诗”。

C.《昆虫记》中昆虫们的一举一动都被赋予人的思想感情。

D.《昆虫记》中,法布尔不但仔细观察食粪虫劳动的过程,而且不无爱怜地称这些虫为清道夫。

21. 下列各项中对《昆虫记》评价不当的一项是(　　)

A.《昆虫记》熔作者毕生研究成果和人生感悟于一炉,以人性关照虫性,又用虫性反观社会人生,将昆虫世界化作供人类获得知识、趣味、美感和思想的美文。

B. 作者通过仔细观察,深刻地描绘了多种昆虫的生活,真实地记录了昆虫的本能、习性、活动、婚恋、繁衍和死亡,种种描写无不渗透着作者对人类的思考,睿智和哲思跃然纸上。

C.《昆虫记》行文生动活泼,语调轻松诙谐,充满了盎然的情趣。

D.《昆虫记》不仅是一部研究昆虫的科学巨著,还是一部讴歌生命的宏伟诗篇,作者也因此获得了“科学诗人”“昆虫荷马”“昆虫世界的维吉尔”等桂冠和诺贝尔奖。

22. 下面有关《昆虫记》的表述,有误的一项是(　　)

A.《昆虫记》一书的作者是法国作家法布尔,这本书被誉为“昆虫的史诗”。

B.《昆虫记》中写蝉在地下“潜伏”4 年,才能钻出地面,在阳光下歌唱 5 个星期。

C.《昆虫记》熔作者毕生研究成果和人生感悟于一炉,以人性观照虫性,将昆虫世界化作供人类获得知识、趣味、美感和思想的美文。

D.《昆虫记》中写石蚕善于建造巢穴,管理家务;蜘蛛在捕获食物、编织“罗网”方面独具才能。

三、简答题

1.《昆虫记》“是优秀的科普著作”，你从选文中获得了哪些科普知识？

2. 写出《昆虫记》中你最喜欢和最不喜欢的一种昆虫，并说明理由。

3. 鲁迅把《昆虫记》奉为“讲昆虫生活的楷模”，你认为鲁迅给予该书这么高评价的原因是什么。

4.《昆虫记》中写了不少昆虫的生活和习性，请你列举 3 个。

5.《昆虫记》被誉为“昆虫的史诗”，这离不开作者法布尔的功劳。你从法布尔身上得到了哪些启示？

6.《昆虫记》“透过昆虫世界折射出社会人生”，结合选文说说蟋蟀给你较大触动的有哪些方面。

7. 为什么称法布尔是“昆虫学的荷马”？

8.《昆虫记》中昆虫们的一举一动都被赋予人的思想感情。有人说,昆虫也是生灵,它们与人有着丝丝缕缕的相通之处。你的看法是什么呢?

9. 某网站读书频道举行“好书我推荐”活动,你将带着《昆虫记》参赛。请你用简洁扼要的语言为这部书写一段精彩的推荐语。

四、语段阅读

(一)阅读下面的文字,完成 1—4 题。

①有许多昆虫,它们在这世界上做着极有价值的工作,尽管它们从来没有因此而得到相应的报酬和相称的头衔。当你走近一只死鼹鼠,看见蚂蚁、甲虫和蝇类聚集在它身上的时候,你可能会全身起鸡皮疙瘩,拔腿就跑。你一定会以为它们都是可怕而肮脏的昆虫,令人恶心。事实并不是这样的,它们正在忙碌着为这个世界做清除工作。让我们来观察一下其中的几只蝇吧,我们就可以知道它们的所作所为是多么地有益于人类,有益于整个自然界了。

②你一定看见过碧蝇吧?也就是我们通常所说的“绿头苍蝇”。它们有着漂亮的金绿色的外套,发着金属般的光彩,它们还有一对红色的大眼睛。

③当它们嗅出在很远的地方有死动物的时候,会立即赶过去在那里产卵。几天以后,你会惊讶地发现那动物的尸体变成了液体,里面有几千条头尖尖的小虫子,你一定会觉得这种方法实在有点令人反胃,可是除此之外,还有什么别的更好更容易的方法消灭腐烂发臭的动物的尸体,让它们分解成元素被泥土吸收而再为别的生物提供养料呢?是谁能够使死动物的尸体奇迹般地消失,变成一摊液体的呢?正是碧蝇的幼虫。

④如果这尸体没有经过碧蝇幼虫的处理,它也会渐渐地风干,这样的话,要经

过很长一段时间才会消失。碧蝇和其他蝇类的幼虫一样,有一种惊人的本事,那就是能使固体物质变成液体物质。有一次我做了一个试验,把一块煮得很老的蛋白扔给碧蝇做食物,它马上就把这块蛋白变成一摊像清水一样的液体。而这种使它能够把固体变成液体的东西,是它嘴里吐出来的一种酵母素,就好像我们胃里的胃液能把食物消化一样。碧蝇的幼虫就靠着这种自己亲手制作的肉汤来维持自己的生命。

⑤其实,能做这种工作的,除了碧蝇之外,还有灰肉蝇和另一种大的肉蝇。你常常可以看到这种蝇在玻璃窗上嗡嗡飞着。千万不要让它停在你要吃的东西上面,要不然的话,它会使你的食物也变得充满细菌了。不过你可不必像对待蚊子一样,毫不客气地去拍死它们,只要把它们赶出去就行了。因为在房间外面,它们可是大自然的功臣。它们以最快的速度,用曾经活过的动物的尸体产生新的生命,它们使尸体变成一种无机物质被土壤吸收,使我们的土壤变得肥沃,从而形成新一轮的良性循环。

1. 绿头苍蝇作为“新陈代谢的工作者”,主要的功用是什么?

2. 作者要说明绿头苍蝇,开篇却没有直接入笔,为什么?

3. 联系上下文,谈谈第④段中画波浪线的句子有什么作用。

4. 读了第⑤段中画波浪线的句子,你对绿头苍蝇有怎样的看法?获得了什么启示?

（二）阅读下面的文字，完成1—5题。

①在南方的夏夜里，原野上，到处听得见一种调式简单重复，然而情致陶冶人心的乐曲，这音乐在北方可难得听到。春天，在太阳当空的时间里，有交响乐演奏家野蟋蟀献艺；夏天，在静谧宜人的夜晚，大显身手的交响乐演奏家是意大利蟋蟀。演日场的在春天，演夜场的在夏天，两位音乐家把一年的最好时光平分了。头一位的牧歌演季刚一结束，后一位的夜曲演季便开始了。

②意大利蟋蟀与蟋蟀科昆虫的某些特征不太一致，这表现在它的服装不是黑色的，它的体形不那样粗笨。它栖驻在各种小灌木上，或者高高的草株上，过着悬空生活，极少下到地面上来。从7月到10月，每天自太阳落山开始，一直持续大半夜，它都在那里奏乐。在闷热的夜晚，这演奏正好是一台优雅的音乐会。

③乐曲由一种缓慢的鸣叫声构成，听起来是这样的：咯哩——咿咿咿，咯哩——咿咿咿。由于带颤音，曲调显得更富于表现力。凭这声音你就能猜到，那振膜一定特别薄，而且非常宽阔。如果没什么惊扰，它安安稳稳待在低低的树叶上，那叫声便会始终如一，绝无变化；然而只要有一点儿动静，演奏家仿佛立刻就把发声器移到肚子里去了。你刚才听见它在这儿，非常近，近在眼前；可现在，你突然又听到它在远处，20步开外的地方，正继续演奏它的乐曲。

④你完全摸不着头脑了，已经无法凭听觉找到这虫类正在唧唧作声的准确位置。我捉到那么几只意大利蟋蟀，投放到笼子里，这之后，我才得以了解到一点儿情况，一点儿有关演技高超到迷惑我们耳朵的演奏家的情况。

⑤两片鞘翅都是干燥的半透明薄膜，薄得像葱头的无色皮膜，均可以整体振动。其形状都像侧置的弓架，处于蟋蟀上身的一端逐渐变窄。右鞘翅内侧，在靠近翅根的地方，有一块胼胝硬肉。从胼胝那里，放射出五条翅脉，其中两条上行，两条下行，另一条基本呈横切走向。横向翅脉略显橙红颜色，它是最主要的部件，说白了就是琴弓。虫鸣大作之际，两片鞘翅始终高高抬起，其状宛如宽大的纱罗布船帆。两片翅膜，只有内侧边缘重叠在一起。两支琴弓，一支在上一支在下，斜向铰动摩擦，于是支展开的两个膜片产生了发声振荡。

⑥上鞘翅的琴弓在下鞘翅上摩擦，同样，下鞘翅的琴弓在上鞘翅上摩擦，摩擦

点时而是粗糙的胼胝，时而是四条平滑的放射状翅脉中的某一条，因此，发出的声音会出现音质变化。这大概已经部分地说明问题了：当这胆小的虫类处于警戒状态时，它的鸣唱就会使人产生幻觉，让你以为此时声音既好像从这儿传来，又好像从那儿传来，还好像从另外一个地方传来。音量的强弱变化，音质的亮闷转换，以及由此造成的距离变动感，这些都给人以幻觉；而这恰恰就是腹语大师的艺术要诀。这虫类的鸣叫，不仅能产生距离幻觉，而且还具备以和颤音形式出现的纯正音色。八月的夜晚，在那无比安宁的氛围之中，我的确听不出还有什么昆虫的鸣唱，能有意大利蟋蟀的鸣唱那么优美清亮。不知多少回，我躺在地上，背靠着迷迭香支成的屏风，“在文静的月亮女友的陪伴下”，悉心倾听那情趣盎然的“荒石园”音乐会！

⑦那高处，我的头顶上，天鹅星座在银河里拉长自己的大十字架；这低处，我的四周，昆虫交响曲汇成一片起伏荡漾的声浪。尘世金秋正吐露着自己的喜悦，令我无奈地忘却了群星的表演。我们对天空的眼睛一无所知，它们像眨动眼皮般地闪烁着，它们盯着我们，那目光虽平静，但未免冷淡。

⑧我的蟋蟀啊，有你们陪伴，我反而能感受到生命在颤动；而我们尘世泥胎造物的灵魂，恰恰就是生命。正是为了这个缘故，我身靠迷迭香樊篱，仅仅向天鹅星座投去些许心不在焉的目光，而全副精神却集中在你们的小夜曲上。

1. 请你结合文章的内容，用简洁的语言概括意大利蟋蟀有哪些特征。

2. 当四周有动静时，意大利蟋蟀的鸣叫声为什么会突然产生变化？

3. 文中的第⑦自然段的画线句子应当如何理解？

4. 文中作者不断变换对意大利蟋蟀的称呼，请找出这些称呼，并说说作者这样写有什么效果。

5. 蟋蟀的叫声很常见，但作者却能将这常见的叫声写得如此细致、生动，从这里我们可以得到什么启示？

（三）阅读下面的文字，完成1—3题。

七月的午后热得令人窒息，蚂蚁这昆虫的贱民渴得筋疲力尽，它四处游荡，徒劳地想从干枯的花朵上取水解渴。而这时，蝉却对这水荒一笑了之。它用小钻头一样的喙，刺进取之不尽的酒窖。它停在小灌木的枝丫上，一边不停地唱歌，一边在坚硬光滑的树皮上钻孔，被太阳晒得热烘烘的树汁，使这些树皮鼓了起来。蝉把吸管插入洞孔，尽情畅饮。它纹丝不动，若有所思，完全沉浸在琼浆和歌曲的魅力之中。

我们继续观察一会儿，也许就能看到一些不幸的意外事件。事实上，有许多口干舌燥的昆虫在附近游荡，从井栏上渗出的树汁，使它们发现了那口井。它们迅速赶来，起初还是小心翼翼，仅仅舔一舔溢出的液体。我看到，在甘琼吸管的周围，聚集着匆忙赶来的胡蜂、苍蝇、球螋、天蛾、蛛蜂、金匠花金龟子，特别是蚂蚁。

体形较小的昆虫，为了靠近泉源，钻到了蝉的肚子底下。温厚老实的蝉用腿脚撑起身子，让这些讨厌鬼通过。体形较大的昆虫则不耐烦地踩着脚，飞快地喝一口，然后撤退，到邻近的枝丫上逛一圈，再更加胆大妄为地回来。贪欲在膨胀，刚才还谨慎克制的虫子们转眼变成了好动的侵略者，一心想把开源引水的凿井人从泉水边赶走。在这伙强盗中，最不肯罢休的就是蚂蚁。我看见它们咬蝉的腿脚，拉蝉的翅端，爬上它的背，挠它的触须。还有一个胆大妄为的家伙，竟然在我的眼皮底下，抓住蝉的吸管，想把它拔出来。

就这样,庞然大物蝉被这些侏儒们搅得失去了耐心,终于放弃了这口井。它向这些拦路抢劫者撒了泡尿,逃走了。然而对蚂蚁来说,这种极端的蔑视根本不算什么!它们的目的已经达到,现在它们成了泉水的主人,尽管这泉水失去了转动的水泵,过早地干涸了。泉水尽管很少,却很甘美。等以后新的机会出现,蚂蚁们又会故伎重演,再去喝上一大口。

我们看到,事实和寓言里虚构的角色恰恰相反。在抢夺时肆无忌惮、毫不退缩的求食者是蚂蚁,甘愿与受难者分享泉水的能工巧匠则是蝉。

1. 请结合本文段说说为什么本书既是科普著作,又是文学经典。

2. 结合文段分析蝉的生活习性。

(四)阅读下面的文字,完成1—4题。

石蚕靠着它们的小鞘在水中任意遨游,它们好像是一队潜水艇,一会儿上升,一会儿下降,一会儿又神奇地停留在水中央。它们还能靠着那舵的摆动随意控制航行的方向。

我不由想到了木筏,石蚕的小鞘是不是有木筏那样的结构,或是有类似于浮囊作用的装备,使它们不至于下沉呢?

我将石蚕的小鞘剥去,把它们分别放在水上。结果小鞘和石蚕都往下沉。这是为什么呢?

原来,当石蚕在水底休息时,它把整个身子都塞在小鞘里。当它想浮到水面上时,它先拖带着小鞘爬上芦梗,然后把前身伸出鞘外。这时的小鞘的后部就留出一段空隙,石蚕靠着这一段空隙便可以顺利往上浮。就好像装了一个活塞,向外拉时就跟针筒里空气柱的道理一样。这一段装着空气的鞘就像轮船上的救生圈一样，靠着里面的浮力，使石蚕不至于下沉。所以石蚕不必牢牢地黏附在芦苇枝或水草上，它尽可以浮到水面上接触阳光，也可以在水底尽情遨游。

不过，石蚕并不是十分擅长游泳的水手，它转身或拐弯的动作看上去很笨拙。这是因为它只靠着那伸在鞘外的一段身体作为舵桨，再也没有别的辅助工具了，当它享受了足够的阳光后，它就缩回前身，排出空气，渐渐向下沉落了。

我们人类有潜水艇，石蚕也有这样一个小小的潜水艇。它们能自由地升降，或者停留在水中央 —— 那就是当它们在慢慢地排出鞘内的空气的时候。虽然它们不懂人类博大精深的物理学，可这只小小的鞘造得这样的完美，这样的精巧，完全是靠它们的本能。大自然所支配的一切，永远是那么巧妙和谐。

1. 结合选文分析《昆虫记》的主题。

2. 结合选段，说说为什么鲁迅将这本书誉为"讲昆虫生活的楷模"。

3. 请列举出《昆虫记》中其他两种动物，并说出它们的生活习性。

4. 结合选文，说说作者探讨问题的过程反映了作者什么样的精神，对你有什么启示。

（五）阅读下面的文字，完成 1—4 题。

看起来，螳螂的这个精心安排设计的作战计划是完全成功的。那个开始天不怕、地不怕的小蝗虫果然中了螳螂的妙计，真的是把它当成什么凶猛的怪物了。当蝗虫看到螳螂的这副奇怪的样子以后，当时就有些吓呆了，紧紧地注视着面前的这个怪里怪气的家伙，一动也不动，在没有弄清来者是谁之前，它是不敢轻易地向对方发起什么攻势的。这样一来，一向擅于蹦来跳去的蝗虫，现在，竟然一下子不知所措了，甚至连马上跳起来逃跑也想不起来了。已经慌了神儿的蝗虫，完全把“三十六计，走为上策”这一招儿忘到脑后去了。可怜的小蝗虫害怕极了，怯生生地伏在原地，不敢发出半点声响。生怕稍不留神，便会命丧黄泉，在它最害怕的时候，它甚至莫明其妙地向前移动，靠近了螳螂。它居然如此恐慌，到了自己要去送死的地步。看来螳螂的心理战术是完全成功了。

当那个可怜的蝗虫移动到螳螂刚好可以碰到它的时候，螳螂就毫不客气，一点儿也不留情地立刻动用它的武器，用它那有力的“掌”重重地击打那个可怜虫，再用那两条锯子用力地把它压紧。于是，那个小俘虏无论怎样顽强抵抗，也无济于事了。接下来，这个残暴的魔鬼胜利者便开始咀嚼它的战利品了。它肯定是会感到十分得意的。就这样，像秋风扫落叶一样地对待敌人，是螳螂永不改变的信条。

1. 请用简洁的语言概括以上文段的内容。

2. 你知道“螳螂精心设计的作战计划”是什么吗？请写下来。

3. 请结合文段内容说说螳螂的习性。

（六）阅读下面的文字，完成1—4题。

①想观察蟋蟀产卵，不用费力做什么准备工作，只要有一点耐心就足够了。布封称耐心是一种天赋，我在这点上适可而止，把它称为观察者的特殊美德。四月份，最晚五月份，把蟋蟀成双成对地分别放进垫好土的花盆里。食物是一片时常更新的莴苣叶。盆口盖上玻璃片，以防蟋蟀逃跑。

②这种设施非常粗陋，必要时可以用更好的网罩——钟形金属罩，加以辅助，它让我们知道了一些十分有趣的情况。我们过一会儿再详细描述。现在，我们来观察产卵的过程吧，我们必须精神集中，以免错过关键时刻。

③六月的第一个星期，我的频频访问开始有了令人满意的结果。我发现雌蟋蟀一动不动，产卵管垂直地插进土里。它对我这个不速之客的来访毫不介意，在原地待了很久。最后，它抽出产卵管，稍稍抹去一点钻孔的痕迹，歇息片刻之后，就闲逛着到别处重新产卵了。它这儿产一点，那儿产一点，足迹遍布它所能到达的整个空间。这重复的动作就如同螽斯向我们展示过的那样，只是更加缓慢而已。二十四小时后，产卵似乎结束了。但保险起见，我又等待了两天。

④接着，我开始翻花盆里的土。那些卵呈稻草黄色，是一些两头圆、长约三毫米的圆柱体。它们之间各不相连，垂直排列在土中；所产的卵每次数量不同，有多有少，它们排列得相对较近。我在整个花盆大约两厘米深处的土层中都找到了卵。虽然用放大镜对土块进行观察十分困难，但我还是尽我所能，估计出每一只雌蟋蟀可产五六百只卵。这样庞大的家族不久以后肯定会经历一场严厉的淘汰。

⑤蟋蟀卵是一个奇妙的小机械。孵化之后，卵壳像个白色不透明的套子，顶端有一个规则的圆形小孔，边缘连着一顶小帽作为盖子。它并不是在新生儿的推挤或剪切下随便裂开的，而是沿着预先准备好的一条最不坚固的裂缝自行打开的。最好还是看看这奇妙的孵化过程。

⑥卵产下约两个星期之后，上端颜色变暗，出现了两个黑红色的大圆点。在这两点上方很近的部位，圆柱体的顶端，则出现了一个细微的环形突起。这是孵化时要裂开的缝正在形成。不久，卵开始变得透明，使我们能看到里面的小家伙细微的孵化过程。现在是应该倍加注意、更加频繁地进行观察的时候，尤其是在早晨。

⑦幸运眷顾那些有耐心的人，我的坚持不懈也因此得到了回报。在经过了极其精细的变化之后，一条极易断裂的缝隙沿着那环形突起形成了，顺着这条环状突起，卵的顶端在幼虫额头的推顶下裂开，就像一个可爱的小香水瓶盖一样被掀开，落在一旁。蟋蟀钻了出来，如同从魔法盒子里冒出来的小魔鬼一般。

1. 细读文章③⑥⑦段，将下面蟋蟀出世的过程补充完整。

母蟋蟀产卵点播→卵壳前端出现一对视觉器官的大圆点→＿＿＿＿＿＿

→＿＿＿＿＿＿→＿＿＿＿＿＿→小生命顶起卵盖，破卵而出。

2. 请从说明方法的角度，简要说明第⑦段中画线句的表达效果。

3. 结合文章，并根据你对法布尔《昆虫记》的了解，将下面这段话补充完整。

法布尔是一位“掌握田野无数小虫子秘密的语言大师”，他用诗人的语言描绘鲜活的生命。他笔下的昆虫是那么生动、美丽、聪明、勇敢，让我们感悟到一位昆虫学家＿＿＿＿＿＿＿＿＿；他在郊外的“荒石园”里，用简陋的设备观察昆虫真实的生活，并记录了那么多珍贵的资料，让我们深切地体会到一位科学工作者＿＿＿＿＿＿＿＿的可贵品质。

（七）阅读下面的文字，完成1—3题。

在我们这个地区，像萤火虫这样众所周知的昆虫是不多的。这种稀奇的小动物在肚子的顶端点亮一盏灯，用来表达它对生活的美好祝愿。有谁不认识它呢，哪怕只是知道它的名字？炎炎夏夜，有谁没见过它在草丛里飞来飞去，犹如从满月里落下的银辉？

它有三对运用自如的短腿，用于碎步爬行。到了成虫阶段，雄虫就会像真正的鞘翅科昆虫一样，披上合体的鞘翅。雌虫似乎没有得到上天的宠爱，无法享受飞翔的乐趣，它一生都保留着幼虫阶段的形态。萤火虫是穿着衣服的，外皮就是它的衣服，它用自己的外皮来保护自己。此外，它的色彩也比较丰富，身体是棕栗色，但是胸部，尤其是内侧则是柔和的粉红色。每一节后部的边缘还分别点缀着鲜艳的棕红色小斑点。

1. 以上文字选自法国作家的优秀科普著作《＿＿＿＿＿》。

2. 请从修辞手法的角度赏析下面的句子。

这种稀奇的小动物在肚子的顶端点亮一盏灯，用来表达它对生活的美好祝愿。

（八）阅读下面的文字，完成练习。

黎明时分，我正在家门前徘徊沉思，突然有一样东西从身旁的梧桐树上掉落下来，还伴着尖锐的挣扎声。我疾步上前一看，一只绿蝈蝈儿正在吞吃一只陷入绝境的蝉的肚肠。……我甚至曾经目睹过绿蝈蝈儿追捕蝉的情景，它勇气百倍，而蝉则惊慌失措，飞行着逃窜。这就好像是雀鹰在高空中追捕云雀一样。不过，这靠掠夺为生的鸟儿却比不上绿蝈蝈儿，它追捕的对象比自己弱小。相反，绿蝈蝈儿攻击的却是一个身材比自己大得多，而且更加强壮有力的巨人。可是，这场力量悬殊的肉搏结果却是毫无疑问的。凭着它强有力的大颚和锋利的钳子，绿蝈蝈儿很少失手。

蝈蝈儿酷爱吃昆虫，尤其是那些没有坚硬盔甲保护的昆虫。它们偏好肉食，但并不像螳螂那样除了野味之外什么都不接受。蝉的屠夫知道用一些素食来平衡膳食。在吃完血肉之后，它还佐以水果的甜果肉，甚至于实在没有什么东西好吃的时候，也吃一些草叶。

绿蝈蝈儿们在我的金属罩下生活得非常平和，它们之间从没有发生过严重的纷争，最多为了食物稍有对立。我刚放下一片梨，一只绿蝈蝈儿立即就跳了上去。它不愿与同伴分享，便对任何靠近想美美咬上一口的绿蝈蝈儿都拳打脚踢，将它们赶得远远的。自私自利四处可见。吃饱喝足了之后，它才让位给另一只。这一次轮到后者不能容忍其他绿蝈蝈儿来分享了。就这样一只一只，整个罩子里的绿蝈蝈儿都来轮流就餐。嗉囊盛满之后，绿蝈蝈儿们就用颚尖抓抓脚心，再用脚沾了唾液擦亮额头与眼睛。接着，它们有的抓住纱网，有的卧在沙上，做出沉思的样子，悠然自得地消化着食物。它们一天中的大部分时间都在休息，尤其是最炎热的时节。

1. 以上几段介绍了蝈蝈儿哪些方面的特点？

2. 作者在介绍蝈蝈儿捕蝉时，拿鹰追捕云雀相比，那么蝈蝈儿与鹰相比有何异同点？

3. 文章并没有直接写绿色蝈蝈儿吃哪些食物，而是领着读者去发现，这样写有什么好处？

4. 你是怎样看待蝈蝈儿捕蝉这一生活细节的？

（九）阅读文段，完成练习。

为了它生命的唯一目标——结婚，A 有着非凡的天赋。它可以长途跋涉、穿越黑暗、排除万难，去发现自己的心上人。它有两三个晚上、几个小时的时间，来寻找爱人并与之嬉戏。但如果它没能抓住机遇，那么一切就都完了：精确的指南针会出故障，明亮的导航灯也会失色。这样活着还有什么意思呢！于是，它清心寡欲地退居一隅，就此长眠不醒，把幻想和苦难一同结束。

B 的歌声是“格里——依——依”“格里——依——依”这种缓慢而柔和的声音，唱起来还微微发颤，使歌声更加悦耳动听。你一听就会猜想到它的振动膜是极其细薄而宽大的。如果它待在叶丛中无人惊扰的话，它的声音就不会变化，但稍有动静，这位歌手便立即改用腹部发声。

C酷爱吃昆虫，尤其是那些没有坚硬盔甲保护的昆虫。它们偏好肉食，但并不像螳螂那样除了野味之外什么都不接受。蝉的屠夫知道用一些素食来平衡膳食。在吃完血肉之后，它还佐以水果的甜果肉，甚至于实在没有什么东西好吃的时候，也吃一些草叶。

1. 文中所写的3种昆虫依次是A（　　　）B（　　　）C（　　　）。

2.《昆虫记》被誉为“昆虫的史诗”，这离不开作者法布尔的功劳，你从他身上得到了哪些启示？

3. 读完《昆虫记》后，请你向其他读者推荐此书，并谈谈推荐理由。（不少于60字。）

（十）读以下材料，回答问题。

【材料一】

人们在荒僻地和那些远离居住区的地方都从未发现过麻雀。（甲）麻雀，同鼠类一样，眷恋人类的住宅。它们在树林里，在广袤的田野里都不乐意。只要稍加注意就会发现，城里的麻雀比乡村还多。它们乐于待在人多的地方，以便依靠人们生活。我们集散种子的各处自然成为它们喜欢出入之处。它们又多又贪，它们尽干蠢事；它们的聒噪令人心烦，它们的欢跃给人添乱；它们一文不值，它们的羽毛一无所用，它们的肉不好吃。因此，它们到处被驱赶，人们甚至不惜花很高昂的代价将它们轰走。

【材料二】

麻雀属于鸟类，而不是昆虫，但是，它们与人朝夕相处，所以，我心血来潮，在观察研究昆虫的同时，又想到了它们：麻雀在哪儿搭窝筑巢呢？

每一种动物都应该具备一门生命攸关的建筑技艺，以便最大限度地充分利用可使用的场地。

在尚未有屋顶和墙壁的年代，麻雀是利用树洞来作为其栖息之所的，因为树洞较高，可以避开不速之客的骚扰，而且树洞洞口狭窄，雨水打不进来，但洞中却别有一番洞天，宽敞得很。因此，即使后来有了屋檐和旧墙，它仍旧对树洞情有独钟。如果找不到合适的树洞，麻雀就只好不辞劳苦地一点一点地搭建自己的窝巢。

令人惊叹的是它筑巢时所使用的材料。它的那张床垫可谓形状怪异，由一堆乱七八糟的羽毛、绒毛、破棉絮、麦秸秆等组成，这就需要有一个固定而又平展的支撑物来支撑。这种困难对麻雀来说，简直是小事一桩，它会想出一个大胆的方案来：它打算在树梢上，仅用三四根小枝丫作为依托，建窝搭巢。它的这个窝巢悬于半空中，摇摇晃晃的，要想让它不掉下来，可得具有高超的建筑技艺呀！

它在几根枝丫的树杈间把所能找到的东西——碎布头、碎纸片、绒线头、羊毛絮、麦秸秆、干草根、枯树叶、干树皮、水果皮，等等——全都聚拢在一起，做成了一个很大的空心球，一旁有一个小小的出入口。这个球形窝体积庞大，因为它的穹形窝顶需要有足够的厚度来抵御雨水。这个窝布置得很乱，没有一定之规，没有艺术性，但却非常结实，能够经受得住一季的风吹雨打。

我家屋前有两棵高大的梧桐树，树枝垂及屋顶。整个夏季，麻雀都飞到这儿来栖息，生息繁衍。梧桐树交相掩映的碧绿枝叶，是麻雀飞出其家屋的第一站。（乙）小麻雀在能够飞翔觅食之前，总是在这第一站叽叽喳喳地叫个不停；吃得肚子滚圆的大麻雀从田间回来也先在此歇息；成年麻雀经常在这儿开"碰头会"，照管家中刚刚出巢的小麻雀，一边训诫不听话的孩子，一边鼓励胆怯的孩子；麻雀夫妇常在这儿吵嘴；还有一些麻雀常在此议论白天所发生的事情。它们从清晨一直到傍晚，络绎不绝地在梧桐树和屋顶之间飞来飞去。然而，12 年中，我仅见过一次麻雀在树枝间搭窝的。一对麻雀夫妇忙碌着，辛辛苦苦地在一棵梧桐树上搭建空中巢穴，但是，它们好像对自己的劳动成果并不满意，因为第二年我就没看见它们再搭了。瓦屋顶提供的庇护所既牢固又省力，何须再费心劳神地去搭建什么空中楼阁呢？看来，麻雀们更加偏爱这种省时省力而又牢固的屋檐下的窝巢。

【材料三】但令四海常丰稔，不嫌人间鼠雀多。

［注释］画中诗句出自明代方孝孺的《百雀诗》：“曲巷高檐避网罗，朝来饱啄陇头禾。但令四海常丰稔，不嫌人间鼠雀多。”稔（rěn）：庄稼成熟。

1. 3则材料中，作者对麻雀的态度有什么不同？各出于什么原因？

2. 材料二中，作者详略得当地说明了麻雀是如何利用不同场地筑巢的。请结合文章内容分析。

3. 甲、乙两处都用了拟人的方法，但语言各有特色，请分别举例说明。

实战演练

1.（2019 中考题汇编）下列选项中表述不正确的一项是（　　）

A.（2019·重庆）《昆虫记》一书中，法布尔用生动活泼、轻松诙谐的笔调，让笔下的虫子充满了盎然的情趣，体现了作者对自然的热爱和尊重。

B.（2019·重庆）《昆虫记》中法布尔没有采用解剖法，而是采取观察与实验的方法，实地记录昆虫的生活现象、本能和习性，带给我们不一样的昆虫世界。

C.（2019·模拟）《昆虫记》是一部科普作品，堪称科学与文学完美结合的典范，处处洋溢着对生命的尊重，对自然万物的赞美，无愧于"昆虫的史诗"之美誉。

D.（2019·模拟）在作者笔下蜣螂像个吝啬鬼，身穿一件似乎"缺了布料"的短身燕尾礼服，小甲虫"为它的后代做出无私的奉献，为儿女操碎了心"，读来情趣盎然。

2.（2018·山西模拟）下面有关《昆虫记》的表述有误的一项是（　　）

A.《昆虫记》是英国昆虫学家法布尔花费了 30 年的时间写就的一部科普巨著。

B. 法布尔对于昆虫的形态、习性、劳动、繁衍和死亡的描述，处处洋溢对生命的尊重，对自然万物的赞美。

C. 在法布尔看来，杨柳天牛像个吝啬鬼，身穿一件似乎"缺了布料"的燕尾礼服。

D. 被毒蜘蛛咬伤的小麻雀会"愉快地进食，如果我们喂食的动作慢了，它甚至会像婴儿般哭闹"。这是法布尔眼中所见的受伤的小麻雀。

3.（2019·山东聊城）

《①》

意大利蟋蟀没有黑色外套，而且体形也没有一般蟋蟀那种粗笨的特点。恰恰相反，它细长、瘦弱、苍白，几乎通体全白，正适合夜间活动的习惯要求，让你捏在手里都生怕把它捏碎。

①处应填入的作品名是《________》。

4.（2019·天津中考）根据阅读积累，在文段的空缺处填写相应的内容。

经典名著是一个时代留给我们的精神食粮。读《昆虫记》，我们了解了昆虫生活的奥秘，也被__________（作者）积极探索、求真务实的精神所感动……徜徉书海，我们的心灵得到滋养，我们的思想变得深刻。

5.（2018·黑龙江龙东）阅读下面的文字，回答问题。

一个人耗尽一生的光阴来观察、研究昆虫，已经算是奇迹了；一个人一生专为昆虫写出10卷大部头的书，更不能不说是奇迹。这些奇迹的创造者就是法布尔，他的《昆虫记》被誉为“__________”。

在这本书中，________在地下“潜伏”4年；________在编织“罗网”方面独具才能；________善于利用“心理战术”制服敌人。

6.（2019·江西）名著阅读。

班级拟开展“走进名著，与作者对话”综合性学习活动，请按照“专题探究”给出的专题，以“一位忠实的读者”的名义，给作者写一封信，交流你的探究成果，字数200左右。

【专题探究】跟法布尔学观察《昆虫记》。

7.（2019·湖北宜昌）名著阅读。

神秘池塘

法布尔

①这个停滞不动的池塘，虽然它的直径不超过几尺，可是在阳光的孕育下，它却犹如一个辽阔神秘而又丰富多彩的世界。不知道会有多少忙碌的小生命生生不息。它多能打动和引发一个孩子的好奇心啊！让我来告诉你，我记忆中的第一个池塘怎样深深地吸引了我并激发起我的好奇心。

②小时候，家里养了一群小鸭，我是放鸭的牧童。

③小鸭们一到池塘就飞奔过去寻找食物，吃饱喝足后，就到水里去洗澡，它们常常把身体倒竖起来，尾巴指向空中，仿佛在跳水中芭蕾。我美滋滋地欣赏着小鸭们优美的动作，看累了，就看看水中别的景物。

④那是什么？在泥土上，我看到有几段互相缠绕着的绳子又粗又松，黑沉沉的，像布满了烟灰，我走过去，想拾一段放到手掌里仔细观察，没想到这玩意儿又粘又滑，一下子就从我的手指缝里滑走了。我花费了好大的劲儿，才认出它们是蝌蚪。

⑤接着我的注意力又被别的东西吸引住了。我看着泉水流到小潭，汇成小溪，突发奇想，如果把溪水看作一个小小的瀑布，定能去推动一个水磨，于是，我用草做成轴，用两个小石块支着它，成功地做了个磨子，可惜只有几只小鸭来欣赏我的杰作。

⑥接着，我在石头的底下发现了一些灿烂而美丽的东西，它使我想起神龙传奇的故事。难道它们就是神龙赐给我的珍宝吗？要给我数不清的金子吗？为了纪念我发现的"宝藏"，再加上好奇心的驱使，我把石头装进口袋里，塞得满满的。

⑦在回去的路上，我尽情地想着我的蓝衣甲虫——像蜗牛一样的甲虫，还有那些神龙所赐的宝物，可是一踏进家门，父母的反应令我一下子大失所望。

⑧"赶紧把这些东西扔出去！"父亲冲着我吼道。

⑨"小鬼，准是什么东西把你迷住了！"那是大自然的魔力。可怜的母亲，她说得不错，的确有一种东西把我迷住了。半年后，我知道了那个池塘边的"钻石"，其实就是岩石的晶体；所谓的"金粒"，也不过是云母而已，它们并不是什么神龙赐给我的宝物。尽管如此，对于我，那个池塘始终保持着它的诱惑力，因为它充满了神秘，那些东西在我看来，其魅力远胜于钻石和黄金。

（1）法布尔记忆中的第一个池塘里有哪些具体的事物激发了他的好奇心？

(2)仔细揣摩文中的关键词句,说说法布尔具有哪些优良的学习品质。

(3)从法布尔后来的成就看,“那些东西”的魅力为什么远胜于“钻石和黄金”?

(4)请准确列举出法布尔《昆虫记》目录中出现过的4种昆虫名称。

8.(2019·连云港)阅读《昆虫记》节选,完成练习题。

①蝉是非常喜欢唱歌的。它翼后的空腔里带有一种像钹一样的乐器。它还不满足,还要在胸部安置一种响板,以增加声音的强度。因为有这种巨大的响板,使得生命器官都无处安置,只得把它们压紧到身体最小的角落里。当然了,要热心委身于音乐,那么只有缩小内部的器官,来安置乐器了。

②但是不幸得很,它这样喜欢的音乐,对于别人,却完全不能引起兴趣。就是我也还没有发现它唱歌的目的。通常的猜想以为它是在叫喊同伴,然而事实明显,这个意见是错误的。

③蝉与我比邻相守,到现在已有十五年了,每个夏天差不多有两个月之久,它们总不离我的视线,而歌声也不离我的耳畔。我通常都看见它们在梧桐树的柔枝上,排成一列,歌唱者和它的伴侣比肩而坐。吸管插到树皮里,动也不动地狂饮,夕阳西下,它们就沿着树枝用慢而且稳的脚步,寻找温暖的地方。无论在饮水或行动时,它们从未停止过歌唱。

④所以这样看起来,它们并不是叫喊同伴,你想想看,如果你的同伴在你面前,你大概不会花费掉整月的工夫叫喊他们吧!

⑤其实，照我想，便是蝉自己也听不见所唱的歌曲。不过是想用这种强硬的方法，强迫他人去听而已。

⑥它有非常清晰的视觉，只要看到有谁跑来，它会立刻停止歌唱，悄然飞去。然而喧哗却不足以惊扰它。你尽管站在它的背后讲话，吹哨子、拍手、撞石子，这镇静的蝉却仍然继续发声，好像没事儿人一样。

⑦有一回，我借来两支乡下人办喜事用的土铳，里面装满火药，将它放在门外的梧桐树下，我们很小心地把窗打开，以防玻璃被震破。

⑧我们六个人等在下面，热心倾听头顶上的乐队会受到什么影响。“碰！”枪放出去，声如霹雷。

⑨一点没有受到影响，它仍然继续歌唱。它既没有表现出一点儿惊慌扰乱之状，声音的质与量也没有一点轻微的改变。第二枪和第一枪一样，也没有发生影响。

⑩我想，经过这次试验，我们可以确定，蝉是听不见的，好像一个极聋的聋子，它对自己所发的声音是一点也感觉不到的！

（1）蝉的歌唱源于它怎样的身体构造？

（2）第③段画线句子语言有什么特色？请略作分析。

（3）第⑦至⑩自然段写了什么事？从中可以看出作者具有怎样的治学态度？

（4）“垂緌（ruí）饮清露，流响出疏桐。居高声自远，非是藉秋风。”虞世南的《蝉》和法布尔的《蝉》都写了蝉鸣，其用意有何不同？

9.（2019·江苏模拟）阅读下面选段，回答问题。

萤火虫先在猎物的身上探索了一番，蜗牛的身体通常都缩在壳里，只露出外套膜的一点赘肉。于是，萤火虫打开它的麻醉工具，这工具很简单，但十分细小，必须借助放大镜才能看得见。它由两片弯曲成獠牙的大颚构成，非常锋利，细小得如同头发末梢。在显微镜下，我们可以看到整个獠牙上有一条细沟。这就是它的工具。

萤火虫用它的工具屡次轻击蜗牛的外套膜。它的一举一动都很温柔，看起来不像是叮咬，而是毫无恶意的亲吻。小伙伴之间嬉闹扭打的时候，会经常用手指尖轻捏对方，我们以前称此为"拧"，这只是挠痒，而不是真正的攻击。萤火虫"拧"得很有分寸，也很有章法，不紧不慢，每拧一下就停一会儿，似乎要观察每一下所产生的效果。拧的次数并不是很多，最多只需五六次，就能把猎物制服，并让它一动不动。可能在进食的时候，萤火虫还会用獠牙再拧蜗牛几下，但我无法描述，因为此后发生的事情我并不是很清楚。但是，起初拧的那几下虽然次数不多，却足以让那软体动物一动不动、失去知觉，因为这种麻醉方法实在是太迅速了，几乎像闪电一般；无疑，萤火虫用它那带有沟槽的獠牙，将某种病毒注入了蜗牛体内。这么一来，萤火虫就可以安静地美餐一顿了。

（1）请用平实的语言简要说明萤火虫捕食蜗牛的过程。

（2）罗斯丹评价《昆虫记》时说："这个大科学家像文学家一般感受而且抒写。"请结合以上语段说说你对这一评价的理解。

（3）班级开展《昆虫记》的读书交流活动，班长准备邀请李老师给大家开设《法布尔与〈昆虫记〉》的讲座，但活动安排有些变化。请你根据情境补全下面的对话。

班长：小文，明天请你帮我去找一下李老师。我原来邀请他后天下午两点来报告厅给大家做讲座的，现在时间改到后天下午四点了，地点也改到会议室了，麻烦你问问李老师行不行。

小文：好的，放心吧。

班长：谢谢你！

（第二天，小文见到李老师。）

小文：____

李老师：可以的。谢谢你！

10.（2019·江苏模拟）名著阅读。

（1）法布尔的《昆虫记》是一部概括昆虫的种类、特征、习性的昆虫生物学著作，记录了昆虫真实的生活。请根据几种动物生活习性的介绍，把提供的昆虫名称对应填入括号中。

（　　）回去的路线却是铁定不变的：它们去时走哪条路，回去时就走哪条路，不管这条路有多么蜿蜒曲折，也不管它经过哪些地方，又是如何艰难困苦。

（　　）它们的地洞是一间等候室、一个气象站，幼虫长期居住在那里，时而爬到地面附近了解外面的天气，时而又回到洞底躲藏起来。

（　　）只要低下身来，我们通常就会看到住宅的主人正待在自家的门前，张开螯钳，翘起尾巴，做出防卫的姿势。

（　　）长着复眼，比猫头鹰的大眼睛装备更加精良，因此它毫不犹豫，勇往直前，来往穿梭，却没有一点磕磕碰碰。它对自己的蜿蜒飞行控制自如。

①蝉　　②大孔雀蝶　　③红蚂蚁　　④朗格多克蝎子

（2）批注，是指阅读时在文中空白处对文章进行批评和注解，作用是帮助自己掌握书中的内容，有感悟、质疑、联想、赏析等，是阅读者自身感受的笔录，体现着阅读者别样的眼光和情怀。请阅读下面语段，写一条批注。

播入颈部的毒钩引起了我的深思；这和螳螂捕捉蝗虫的方式惊人地相似。我不禁要问：蟹蛛这么弱小，娇嫩的身上到处是致命的弱点，它是如何抓住像蜜蜂这样的猎物的呢？蜜蜂比它大，比它敏捷，而且还有致命的毒针做武器！

批注：____

11.(2020·浙江初二期末)名著阅读。

根据你对法布尔《昆虫记》的了解,选出不是评论法布尔《昆虫记》的一项(　　)

A. 法布尔像侦探似的长时间追踪观察昆虫,用了观察和实验的方法研究昆虫的本能和习性,记录了各种昆虫真实的生活状态。

B. 法布尔以人性观察虫性,融毕生的研究成果和人生感悟于一炉,《昆虫记》处处洋溢着对生命的尊重,对自然万物的赞美。

C. 法布尔像哲学家一般地思,像美术家一般地看,像文学家一般地写。诞生《昆虫记》的荒石园成了人类朝圣的精神圣地。

D. 法布尔在《昆虫记》中尖锐地指出农药的使用严重污染了自然环境,旨在唤醒民众的环保意识,提议人们要热爱小动物。

12.(2020·湖南初二期末)下列说法不正确的一项是(　　)

A.《昆虫记》耗费了法国昆虫学家法布尔一生的心血,描述了小小的昆虫恪守自然规则,为了生存和繁衍进行着不懈的努力。

B.《昆虫记》之所以引人入胜,是因为作者将昆虫的多彩生活与自己的人生感悟融为一体,用人性去看待昆虫,字里行间都透露出作者对生命的尊敬与热爱,对自然万物的赞美。

C. 法布尔对昆虫的描写真是细致入微,令人赞叹:如在金属笼子里,蜘蛛的幼虫用四只后爪的爪尖钩住网子,后背朝下,高高挂在笼顶,倒挂栖驻姿势是如此艰难,然而螳螂虽然也抓挂在天花板上,但是它总要抽出时间松弛一下,随便飞一飞,操起正常姿势走一走,肚皮贴地,肢体舒展开晒晒太阳。

D.《昆虫记》一书,其艺术特色概括起来可以说是通俗易懂、生动有趣,人性与虫性交融,知识、趣味、美感、思想相得益彰,且准确无误地记录了观察得到的事实。

13.(2020·江苏初二期末)《昆虫记》中的昆虫名目众多,阅读时可以从不同角度对昆虫进行分类积累。阅读下面的表格,完成小题。

昆虫名	类别
___①___、朗格多克蝎	弑亲者
粪金龟、圣甲虫	清洁工
蝉、___②___	歌唱家

(1)根据下面的两段文字,填写表格中①②处的昆虫名。

他们看见在烈日炙烤的草地上有一只仪态万方的①半昂着身子庄严地立着。只见它那宽阔薄透的绿翼像亚麻长裙似的掩在身后,两只前腿,可以说是两只胳膊,伸向天空,一副祈祷的架势。

②的歌声是"格里——依——依""格里——依——依"这种缓慢而柔和的声音,唱起来还微微发颤,使歌声更加悦耳动听。

①________②________

(2)在阅读《昆虫记》时,对昆虫进行分类整理有何作用?

我的理解:________________________

14.(2019·江苏初二期末)阅读下面的名著选段,完成各题。

①我很清楚地知道,光亮产生于萤的呼吸器官。有一些物质,当和空气相混合,立即便会发出亮光,有时甚至还会燃烧,产生火焰。此等物质,被人们称为"可燃物"。而那种和空气相混合便能发光或者产生火焰的现象,则通常被人们称作"氧化作用"。萤的灯就是氧化的结果。那种形如白色涂料的物质,就是经过氧化作用后剩下的余物。氧化作用所需要的空气,是由连接着萤的呼吸器官的细细的小管提供的。至于那种发光物质的性质,至今尚无人知晓。

②萤还有一个本领,就是完全有能力调节它随身携带的亮光。也就是说,它可以随意地将自己身上的光放大一些,或者是调暗一些,或者是干脆熄灭它。

③伸向发光层的粗大导管中空气流量越大,萤火虫的亮度也越大,导管随着萤火虫的意志,减慢甚至暂停空气的输送,光也随之减弱甚至熄灭。总的说来,这

是灯光随着到达灯芯的空气量而变化的机制。

④外界的刺激会导致空气导管运作，进而对发光产生影响。这里要区分两种情况，一种是成年雌虫才拥有的装饰——灿烂的光带；另一种是任何年龄、任何性别的萤火虫都有的、长在身体最后一节上的不起眼的小灯笼。在后一种情况下，当虫儿受到外界刺激时，光会突然完全熄灭，或几乎完全熄灭。我在夜间搜索体长大约为五毫米的小萤火虫时，能清楚地看到草茎上发光的小灯笼，但只要动作稍有闪失，晃动了几根附近的树枝，灯光马上就会熄灭，我所觊觎的小动物也随之消失了。

⑤至于那些大个儿雌虫的光带，即使受到强烈的刺激，也只有细微的变化，甚至经常没有变化。我在饲养着一群雌萤火虫的露天钟形金属罩边放了一枪。枪声一点效应也没有，灯光依然如旧，明亮而且宁静。我用一个喷雾器在这群虫子身上洒了一场细细的冷雨，没有一盏灯因此而熄灭，最多也只是一部分萤火虫闪光的时候稍有迟疑。我向罩子里喷了一口烟，这一回迟疑更加明显，甚至有些灯光熄灭了，但时间很短。虫儿们很快恢复了平静，灯光重新亮起，而且比以前更亮。我用手指捉住几只雌虫，翻来翻去地招惹它们，灯光继续亮着，只要我不用拇指使劲挤压，光亮丝毫不会减弱。在这即将到来的交尾期里，雌虫对自己的光芒充满了极大的热情，只有很严重的原因才会使它完全熄灭自己的信号灯。

（1）阅读第①段，用简洁的语言概括“萤火虫”的发光原理。（不超过 50 字。）

（2）《昆虫记》堪称“科学与文学”完美结合的典范。请你结合选文内容具体谈谈“科学性”和“文学性”是如何“完美结合”的。

（3）法布尔从不满足于仅仅记录昆虫的生活，他关注的是昆虫活生生的生命过程。结合整本书谈谈他具有怎样的可贵品质和情怀。

15.（2019·内蒙古初二期末）阅读《蝉的卵》，完成下列题目。

①普通的蝉喜欢在干的细枝上产卵。它选择最小的枝，像枯草或铅笔那样粗细，而且往往是向上翘起，差不多已经枯死的小枝。

②它找到适当的细树枝，就用胸部的尖利工具刺成一排小孔。这些小孔的形成，好像用针斜刺下去，把纤维撕裂，并微微挑起。如果它不受干扰，一根枯枝常常刺出三四十个孔。卵就产在这些孔里。小孔成为狭窄的小径，一个个斜下去。一个小孔内约生十个卵，所以生卵总数约为三四百个。

③这是一个昆虫的很好的家庭。它之所以产这许多卵，是为了防御某种特别的危险。必须有大量的卵，遭到毁坏的时候才可能有幸存者。我经过多次的观察，才知道这种危险是什么。这是一种极小的蚋，蝉和它比起来，简直成为庞大的怪物。

④蚋和蝉一样，也有穿刺工具，位于身体下面近中部处，伸出来和身体成直角。蝉卵刚产出，蚋立刻就想把它毁掉。这真是蝉家族的大灾祸。大怪物只需一踏，就可轧扁它们，然而它们置身于大怪物之前却异常镇静，毫无顾忌，真令人惊讶。我曾看见三个蚋依次待在那里，准备掠夺一个倒霉的蝉。

⑤蝉刚把卵装满一个小孔，到稍高的地方另做新孔，蚋立刻来到这里。虽然蝉的爪子可以够着它，而蚋却很镇静，一点不害怕，像在自己家里一样，在蝉卵上刺一个孔，把自己的卵放进去。蝉飞去了，多数孔内已混进异类的卵，把蝉的卵毁坏。这种成熟的蚋的幼虫，每个小孔内有一个，以蝉卵为食，代替了蝉的家族。

⑥这可怜的母亲一直一无所知。它的大而锐利的眼睛并不是看不见这些可怕的敌人不怀好意地待在旁边。然而它仍然无动于衷，让自己牺牲。它要轧碎这些坏种子非常容易，不过它竟不能改变它的本能来拯救它的家族。

⑦我从放大镜里见过蝉卵的孵化。开始很像极小的鱼，眼睛大而黑，身体下面有一种鳍状物，由两个前腿联结而成。这种鳍有些运动力，能够帮助幼虫走出壳外，并且帮助它走出有纤维的树枝，这是比较困难的事情。

⑧鱼形幼虫一到孔外，皮即刻脱去。但脱下的皮自动形成一种线，幼虫靠它能够附着在树枝上。幼虫落地之前，在这里行日光浴，踢踢腿，试试筋力，有时却

又懒洋洋地在线端摇摆着。

⑨它的触须现在自由了，左右挥动；腿可以伸缩；前面的爪能够开合自如。身体悬挂着，只要有微风就动摇不定。它在这里为将来的出世做准备。我看到的昆虫再没有比这个更奇妙了。

⑩ 不久，它落到地上。这个像跳蚤一般大的小动物在线上摇荡，以防在硬地上摔伤。身体在空气中渐渐变坚强了。它开始投入严肃的实际生活中了。

⑪ 这时候，它面前危险重重。只要一点风就能把它吹到坚硬的岩石上，或车辙的污水中，或不毛的黄沙上，或坚韧得无法钻下去的黏土上。

⑫ 这个弱小的动物迫切需要隐蔽，所以必须立刻到地下寻觅藏身的地方。天冷了，迟缓就有死亡的危险。它不得不各处寻找软土。没有疑问，许多是在没有找到以前就死去了。

⑬ 最后，它找到适当的地点，用前足的钩扒掘地面。我从放大镜里见它挥动锄头，将泥土掘出抛在地面。几分钟以后，一个土穴就挖成了。这小生物钻下去，隐藏了自己，此后就不再出现了。

⑭ 未长成的蝉的地下生活，至今还是个秘密，不过在它来到地面以前，地下生活所经过的时间我们是知道的，大概是四年。以后，在阳光中的歌唱只有五星期。

⑮ 四年黑暗中的苦工，一个月阳光下的享乐，这就是蝉的生活。我们不应当讨厌它那喧嚣的歌声，因为它掘土四年，现在才能够穿起漂亮的衣服，长起可与飞鸟匹敌的翅膀，沐浴在温暖的阳光中。什么样的钹声能响亮到足以歌颂它那得来不易的刹那欢愉呢？

（1）从全文来看，蝉从产卵到成虫，其生长要经历哪些过程？请用简洁的语言概括。

____________、____________、____________、____________。

（2）第②段画横线的句子用了什么说明方法，有什么作用？

(3)从说明文的语言特征来分,说明文分为平实性说明文和生动性说明文。请举例说明本文的语言特色。

(4)选文最后一段说:“四年黑暗的苦工,一个月阳光下的享受,这就是蝉的生活。”而前一段则说:“未长成的蝉的地下生活,至今还是个秘密。”既然是个“秘密”,作者又为什么说是“苦工”,这样说前后是否矛盾?为什么?

(5)选文出自法国昆虫学家________(作家)的《昆虫记》。作者根据观察获得第一手资料,将昆虫鲜为人知的生活习性生动地描写出来,揭开了昆虫世界的一个又一个奥秘:螳螂善于利用“心理战术”制服敌人;切叶蜂能够不凭借任何工具,精确地“剪”下大小适当的圆叶片做巢穴的盖子……难怪法国作家罗曼·罗兰把这位作家称为“____________”。

16.(2020·江苏初二期末)阅读《昆虫记》节选,完成下面小题。

①在我们这个地区,萤火虫可谓无人不知,无人不晓,没有什么昆虫像它那么家喻户晓的了。这个人见人爱的小东西,为了表达生活的欢乐,竟然在屁股上面挂了一只小小的灯笼。炎热的夏夜里,没有人没见过它的。

②我们先来看看萤火虫以什么为生吧。萤火虫看上去既小又弱,像是与他人无害,可它却是个最小最小的食肉动物,是猎取野味的猎手,而且,捕猎时还相当狠毒。它的猎物通常是蜗牛。

③萤火虫在享用猎物之前,先将它麻醉,使它失去知觉,就如人类奇妙的外科手术,在动手术之前先将病人麻醉,让他感觉不到痛楚一样。通常,萤火虫捕捉的都是一些中等大小的蜗牛,还没有樱桃那么大。比如变形蜗牛,它们会在夏天成群结队地聚集在路边的稻草或是其他植物细长的枯秆上,一动不动地沉思着,直到酷暑消散。我就是在这些地方多次目睹萤火虫享用大餐的,而猎物则刚刚被它运用外科技术,麻醉在颤动的枯秆上。

④不过萤火虫对其他捕猎场所也很熟悉。它常常光顾沟渠边,那里土地阴湿,

植物丛生，是软体动物们的乐园。萤火虫就在地上捕猎。在这样的条件下，我可以比较轻松地饲养萤火虫，并细致地观察这位外科大夫的技艺。让我试着向读者展示这奇妙的场面吧。

⑤终于，这场面出现了。萤火虫先在猎物的身上探索了一番，蜗牛的身体通常都缩在壳里，只露出外套膜的一点赘肉。于是，萤火虫打开它的麻醉工具，这工具很简单，但十分细小，必须借助放大镜才能看得见。它由两片弯曲成獠牙的大颚构成，非常锋利，细小得如同头发末梢。在显微镜下，我们可以看到整个獠牙上有一条细沟。这就是它的工具。萤火虫用它的工具屡次轻击蜗牛的外套膜。它的一举一动都很温柔，看起来不像是叮咬，而是毫无恶意的亲吻。小伙伴之间嬉闹扭打的时候，会经常用手指尖轻捏对方，我们以前称此为"拧"，这只是挠痒，而不是真正的攻击。就让我们也用这个字来形容萤火虫的举动吧。萤火虫"拧"得很有分寸，也很有章法，不紧不慢，每拧一下就停一会儿，似乎要观察每一下所产生的效果。拧的次数并不是很多，最多只需五六次，就能把猎物制服，并让它一动不动。可能在进食的时候，萤火虫还会用獠牙再拧蜗牛几下，但我无法描述，因为此后发生的事情我并不是很清楚。但是，起初拧的那几下虽然次数不多，却足以让那软体动物一动不动、失去知觉，因为这种麻醉方法实在是太迅速了，几乎像闪电一般；无疑，萤火虫用它那带有沟槽的獠牙，将某种病毒注入了蜗牛体内。

（1）下列对原文内容理解与分析有误的一项是（　　）

A. 根据法布尔的观察，萤火虫是用两片锋利无比的弯钩为工具来攻击猎物的。

B. 本文②③两段先介绍萤火虫的食物，再说明捕食的过程，这是按照时间顺序来写的。

C. 萤火虫常以个头儿还没有樱桃大、处于变形状态的小蜗牛为食物。

D. 第⑤段中作者不确定萤火虫是否用弯钩啄食猎物，体现法布尔实事求是的科学精神。

（2）结合第⑤段梳理萤火虫的捕食过程，用动宾短语概括填空。

①________——蜗牛露出软肉——②________——③________——蜗牛动弹不得——动嘴进食

（3）本文属于______说明文，如：第①段画线句运用______的说明方法，说明了________的特点，语言风格________（填一个四字词语），表达了作者对萤火虫的喜爱。

17.（2020·湖北初二期末）阅读文章，完成题目。

蟹　蛛

（法）法布尔

①蟹蛛像螃蟹一样横着行走，像螃蟹一样，它的前足比后足更加有力。不仅如此，蟹蛛的前足只比螃蟹少了那对作拳击状的坚硬如铁的护手甲。

②它捕食猎物的方法是，埋伏在花丛中窥视着，一旦猎物出现，它会飞快地掐住对方的脖子。它尤其喜爱捕捉蜜蜂。蜜蜂来了，它心平气和地打算采蜜。它用舌头在花丛中试探，并选择了一个资源丰厚的采取点。不一会儿，它就沉迷在采蜜的工作中了。当它在篮子里装满了蜜，将嗉囊胀得鼓鼓的时候，潜藏在花下窥伺的强盗——蟹蛛，便从隐藏之处现身了，它转到忙碌的蜜蜂身后，偷偷地接近它，然后猛冲上去突然咬住它的脑后。蜜蜂抗斗着，螫针一阵乱刺，不过都无济于事，攻击者一点也不松手。

③“蟹蛛”一词来源于希腊语，它最初是指古罗马执法官的侍从，专将受刑者绑在柱子上。由于许多蜘蛛都用蛛丝将猎物捆起来，将它们制服后舒心享用，因此这个比喻用在它们身上并无不恰当之处。但是，蟹蛛却恰恰与这个名字不符。它并不将蜜蜂捆起来，后者是由于后颈被叮咬而突然丧命的，它对捕食者没有做任何反抗。我们那位为蟹蛛命名的教父只知道通常蜘蛛的进攻策略，却没有看到蟹蛛的特殊情况，他不了解这种阴险的攻击完全没有必要借助于蛛网。

④在岩蔷薇的花丛中，蜜蜂们满怀热情地采着蜜，它们在雄蕊宽大的管圈中忙碌着，身上沾满了黄色的花粉。蜜蜂的迫害者知道它们会在这里大量出现，便守候在玫瑰色花瓣的帐篷下，准备伏击。让我们放眼四周，看看那些花吧。要是看到有一只蜜蜂一动不动，蹬直了腿，伸着舌头，就赶快上前去：十之八九蟹蛛就在那儿。这强盗刚刚得了手，正在吮吸死者的血液呢。

⑤就算这个蜜蜂杀手挺着一个将军肚，也不至于成为蟹蛛的区别性特征。因

为几乎所有的蜘蛛都有一个大肚子，那是蛛丝的仓库，为有些蜘蛛制造结网的绳索，而为所有蜘蛛织造做窝的线。作为筑巢高手，蟹蛛和其他蜘蛛一样：它的肚子里储藏着足以为孩子们编织温暖巢穴的蛛丝，但它的体形并不肥胖得夸张。

⑥蟹蛛这种捕杀蜜蜂的刽子手害怕寒冷，在我们这一带，它从来不会离开橄榄树的生长地区。它偏爱的灌木是岩蔷薇，这种灌木花很大，玫瑰色，花瓣带着褶皱，花季很短，只有一个上午，第二天就会为在清晨的凉意中绽放的其他花朵所替代。如此灿烂的花季会持续五至六个星期。

⑦话说回来，扼死蜜蜂的杀手是一只漂亮，应该说很漂亮的动物，虽然它那臃肿的肚子形似金字塔身，而且底部的左右两侧都长着驼峰形的凸起。蟹蛛们的皮肤看上去比缎子更柔滑，有些是奶白色，有些是柠檬黄色。有一些优雅的蟹蛛还在腿脚上戴着许多粉色的镯子，在脊背上装饰着鲜红的涡旋状纹路。有时，它们的前胸两侧还缀着一条纤细的浅绿色丝带。这身打扮不如彩带圆网蛛的外衣华丽，可它朴实无华、精巧细致、色彩和谐，因此显得比后者不知优雅多少倍。即使是一个对其他蜘蛛都深恶痛绝的新手，也会为蟹蛛的优雅所折服，毫无恐惧地伸出手去捉住外表如此平和的美丽蟹蛛。

（1）本文介绍了关于“蟹蛛”的哪些知识？请用简洁的语言概括。

（2）第⑦段画横线句主要运用了哪种说明方法？有什么作用？

（3）上文第③段中画波浪线句说“蟹蛛却恰恰与这个名字不符”，为什么这么说？请用文中原话回答。

（4）《昆虫记》因其独特的科学研究方法和高超的写作技巧，而堪称____________完美结合的典范，无愧于“____________”之美誉。

参考答案

【巩固训练】

一、

1. 法布尔　昆虫记　昆虫物语　昆虫学札记　昆虫的史诗

2. 谱写昆虫生命的诗篇

3. 社会人生　关爱之情　赞美之情

4. 无法效仿的观察家

5. 蝉　蟋蟀　蜘蛛　螳螂

6. 科学诗人　昆虫荷马　昆虫世界的维吉尔

7. 蝉　蚂蚁

8. 半圆形盖片　音盖

9. 蚂蚁　顽强　勤奋　蝉

10. 蝉　唱歌　螳螂

11. 饿虎　残忍　活

12. 纤细　优雅　淡绿色　轻薄如纱　柔软　头　转动

13. 蚂蚁

14. 意大利蟋蟀　夜间活动

15. 住所　歌唱才华

16. 矮蝉

17. 蜘蛛　纺织

18. 克罗多蛛　纺织女

19. 勤快

20. 做茧袋　存放卵

21. 萤　尾巴　灯

22. 六只　腿　翅盖　甲虫

23. 卵　两盏小灯

24. 食肉动物　蜗牛

二、

1. C　2. A　3. A　4. D　5. B　6. A　7. C　8. A　9. C　10. A

11. A　12. C　13. B　14.C　15. BA　16. C　17. D　18. D

19. A　20. B　21. D　22. D

三、

1. (1)萤火虫是一种食肉动物,主要猎物是蜗牛。

(2)蛛网中用来做螺旋圈的丝非常特别:空心;里面有黏液;黏液能从线壁渗出来,使线的表面有黏性。

2. 我喜欢螳螂,它宽大的绿色薄翼如亚麻长裙般拖在地上。锥形的头部,细长的足,浑身碧绿,看起来有一种赏心悦目的感觉。就连它休息时,也是保持着极优美的姿势。

我最不喜欢的一种动物是狼蛛,因为它一口就能咬到敌人致命的部位,是一招致死的杀手。

3. (1)《昆虫记》将昆虫鲜为人知的生活和习性生动地揭示出来,使人们得以了解昆虫的真实生活情景。

(2)《昆虫记》是优秀的科普著作,也是公认的文学经典。

4. 蝉在地下“潜伏”4 年,才能钻出地面,在阳光下歌唱 5 个星期;

蟋蟀善于建造巢穴,管理家务;蜘蛛善于捕食、织网等。

5. 热爱大自然,热爱微小生命的生活态度,有严谨细致、实事求是的工作作风。

6. (1)聪明,如:把住宅建在隐秘的地方。

(2)勤劳,如:钻在下面一待就是两个小时。

(3)能根据情况的变化而变化,如:它的洞随天气的变冷和身体的长大而加大加深。

(4)善于管理家务,如:改良和装饰的工作,总是经常地不停歇地在做着。

7. 因为法布尔的《昆虫记》详尽描述了很多种昆虫的习性以及他所做的实验，可以说是昆虫学界的权威著作，而且文学性很强，在昆虫学界的地位差不多就是荷马史诗在史学界的那样。所以说他是“昆虫学的荷马”。

8. 那是一个远离尘嚣的世界，居然也是这么丰富多彩！人性的昆虫们，演绎着大自然的经典故事，扮演主角。它们的一举一动无不被赋予人的思想情感；作为生灵，它们与人有着缕缕共通之处，让你不得不为此惊奇、喜悦。知道我是在通过法布尔的眼睛，享受这份读书的乐趣；而法布尔为此付出的艰苦劳动，我却毫无体会。后人总是站在前人的肩膀上远眺，人类才得以智慧和进步。这些渺小的昆虫们给我们的远不止是趣味。

9.《昆虫记》是作者对昆虫最直观的研究记录，影响了无数科学家、文学家及普通大众，其文学及科学上非凡的成就受到举世推崇。虽然全文用大量篇幅介绍了昆虫的生活习性，但行文优美，生动活泼，充满了盎然的情趣和诗意，被公众认为是跨越领域、超越年龄的不朽传世经典！

四、

（一）

1. 绿头苍蝇的幼虫嘴里吐出来的一种酵母素能使固体物质变成液体物质，消灭腐烂发臭的动物的尸体，使其变成一种无机物质，被土壤吸收。

2. 绿头苍蝇是令人讨厌的，作者先由人们主观地对一些昆虫的偏见看法写起，然后引出说明对象，目的是增强读者的阅读兴趣。

3. 运用举例子的说明方法，真实准确地说明了苍蝇的幼虫嘴里吐出来的一种酵母素能把固体变成液体，增加了文章的说服力，也为下文说明苍蝇是功臣做了铺垫。

4. 绿头苍蝇传播细菌，但又是大自然的功臣，我们应当辩证地看待它。

启示：万事万物都有其优点和不足，看待事物不能有偏见，要一分为二，辩证地去看待。

（二）

1. 肤色不是黑色的；体形不粗笨；栖驻在小灌木或草株上，过着悬空生活；在夏天夜晚持续奏乐。

2. 鸣叫声产生变化是为了使对手产生幻觉，辨别不出蟋蟀的位置，以使自己摆脱危险。

3. 这句话的前半句说的是意大利蟋蟀在夜晚尽情歌唱，后半句“群星的表演”指的是“天鹅星座在银河里拉长自己的大十字架”。这句话表达了作者对意大利蟋蟀的歌声的特别喜爱。

4. 因为琴弓与鞘翅摩擦时所接触到的摩擦点不一样，摩擦点有时是粗糙的胼胝，有时是四条平滑的放射状翅脉中的某一条。

5. 言之有理即可。示例：要了解事物就必须抓住事物的特征进行细致入微的观察，并把观察和思考结合起来。

（三）

1. 在文段中作者多用拟人法，显得行文生动活泼，语调轻松诙谐，充满了盎然的情趣，这些显著的艺术特色让《昆虫记》成为一部文学经典。

2. 它坐在树的枝头，不停地唱歌，也是勤劳的生产者。

（四）

1. “虽然它们不懂人类博大精深的物理学，可这只小小的鞘造得这样的完美，这样的精巧，完全是靠它们的本能。大自然所支配的一切，永远是那么巧妙和谐。”表达了作者对生命的关爱之情，对自然万物的赞美之情。

2. 这本书的行文生动活泼，语调轻松诙谐，充满了盎然的情趣。在作者的笔下，石蚕仿佛化身为一位优秀的潜水艇艇长，“一会儿上升，一会儿下降，一会儿又神奇地停留在水中央。它们还能靠着那舵的摆动随意控制航行的方向”。将石蚕的生理习性描写得栩栩如生，为我们展现了活灵活现的石蚕。所以说这本书被鲁迅誉为“将昆虫生活的楷模”。

3. 蝉在地底下“潜伏”4 年，才能钻出地面，在阳光下歌唱 5 个星期；蟋蟀善于建造巢穴，管理家务；蜘蛛在捕获食物、编织“罗网”方面独具才能。

4. “我们人类有潜水艇，石蚕也有这样一个小小的潜水艇”等句无不渗透着作者对人类的思考，睿智的哲思跃然纸上。我们在生活中，除了要善于发现，拥有会发现美的眼睛，更要有善于思考的头脑。

（五）

1. 本段文字主要记叙了螳螂捕食的情景。

2. 对于螳螂奇怪的姿态，蝗虫过于害怕，甚至往前移动到螳螂可以攻击到它的范围以内，螳螂就毫不客气地用自己的“掌”击打蝗虫，再用两条锯子用力把它压住。

3. 螳螂善于利用“心理战术”制服敌人。例如：“当蝗虫看到螳螂的这副奇怪的样子以后，当时就有些吓呆了，紧紧地注视着面前的这个怪里怪气的家伙，一动也不动……”

（六）

1. 圆柱体顶端显现出一个微型环状垫圈　半透明的卵壳内出现小动物身体的细小分节　微型垫圈变成强度甚低的条纹

2. 这句话运用了打比方的说明方法，生动形象地说明了蟋蟀破卵而出时的可爱情状，表达了作者看到蟋蟀出世的欣喜之情。

3. 对生命（昆虫、自然）的尊重与热爱　严谨、细致、持之以恒

（七）

1. 昆虫记

2. 此句运用了比喻的修辞手法，把萤火虫肚子顶端发出的光亮比作一盏小灯，生动形象地突出了萤火虫会发光的特点，表达了对萤火虫的喜爱之情。

（八）

1. 追捕蝉时动作敏捷迅速、勇敢顽强；酷爱吃昆虫；生活平和。

2. 相同点：动作勇猛

不同点：鹰是以强欺弱，而蝈蝈儿是不甘示弱，敢于挑战比自己强壮的敌人。

3. 告诉读者，只要细心观察，勤于动脑，就会有新的发现，激发读者的探索欲望。

4. 言之成理即可。

（九）

1.A 大孔雀蝶　B 意大利蟋蟀　C 蝈蝈儿

2. 示例：热爱大自然，热爱小生命的生活态度；严谨细致、实事求是的工作作风。

3. 示例：《昆虫记》是作者对昆虫最直观的研究记录，影响了无数科学家、文学家及普通大众，其文学及科学成就受到举世推崇。全文用大量篇幅介绍了昆虫的生活习性，行文生动活泼，充满了盎然的情趣和诗意，被公认为是跨越领域、超越年龄的不朽传世经典！

（十）

1. 材料一中，作者厌恶麻雀，因为作者认为麻雀一无所用，反给人们带来干扰和损失；材料二中，作者欣赏麻雀，因为作者认为麻雀具备高超的建筑技艺，能充分利用可使用的场地；材料三中，作者宽容爱护麻雀，因为作者希望丰收，人能与麻雀共享丰收的果实。

2. 作者非常简略地说明了麻雀利用屋檐和旧墙筑巢，因为这种窝巢省力又牢固；作者较为简略地说明了麻雀利用树洞来筑巢，为了表现麻雀善于利用场地；作者详细说明了麻雀在树枝间筑巢，为了充分表现麻雀具备高超的建筑技艺。

3. 甲处语言富有感情色彩，如“眷恋”“不乐意”等词语，表现出麻雀对人类的依赖；乙处语言生动而富有情趣，如“一边训诫不听话的孩子，一边鼓励胆怯的孩子”，具体细致地描摹了麻雀的生活情态。

【实战演练】

1.D　2.A　3.《昆虫记》　4. 法布尔　5. 昆虫的史诗　蝉　蜘蛛　螳螂

6. 示例：

尊敬的法布尔先生：

您好！我是您的一位忠实读者，最近拜读了您的作品《昆虫记》，收获良多！

我也喜欢昆虫，读完此书兴趣更浓，也从书中学到您的一些观察方法。在观察蚂蚁的时候,您伏在地上用放大镜观察了4个小时;爬到树上观察螳螂活动,别人误解来抓时才惊醒过来!这样全神贯注,耐心细致,沉浸其中,才有了详尽真实的多彩记录。向您学习!

最后,感谢您为我们带来了这么优秀的作品,让我们看到您对生命的尊敬与热爱,也让我们学会如何去观察和热爱。

此致

敬礼

一位忠实的读者

××××年×月×日

7.(1)鸭、蝌蚪、小溪、岩石的晶体、云母等。

(2)观察力、想象力、好奇心、创造力等。

(3)那些东西虽然不是什么真正的"宝藏",却激发了幼年法布尔心中的求知欲和创造力,是未来科学事业的起点和萌芽。所以,在他看来,那些东西的魅力远胜于钻石和黄金。

(4)蟋蟀、红蚂蚁、蝗虫、绿蝈蝈儿。(答案不唯一,任意列举出《昆虫记》中的4种昆虫即可。)

8.(1)它翼后的空腔里带有一种像钹一样的乐器;胸部安置一种响板,以增加声音的强度。

(2)行文生动活泼,语调轻松诙谐。用拟人的修辞手法,通过比肩而坐、狂饮树汁、慢步行走等动作(细节),生动地描写了蝉的生活习性。

(3)作者用土铳的枪声对蝉的听觉进行测试,结果证明蝉是没有听觉的。作者勇于实践和探究,具有严谨的治学态度。

(4)虞世南的《蝉》,以蝉喻人,旨在借蝉抒怀:品格高洁者,不需借助外力,自能声名远播。法布尔的《蝉》旨在探究科学奥秘:观察探究蝉的身体构造和歌唱的特点,通过试验证明蝉是感受不到声音的。

9.(1)当蜗牛露出软肉时,萤火虫开始用它勾状的颚反复敲打蜗牛的外膜,并多次扭动,再利用带槽的弯钩把毒液传播到蜗牛的身上,让它昏迷,然后开始享受美食。

（2）《昆虫记》不仅是科学著作，也是文学巨著。如这个语段中写萤火虫捕食蜗牛“就好像和蜗牛逗着玩”，“萤火虫不慌不忙有条不紊地扭着，每扭一次，还要稍加休息一下，似乎想了解扭的效果如何”这些带有拟人化的写法，把紧张的捕食过程写得活泼有趣，读起来兴味盎然，读者在轻松中了解昆虫习性，又感受到文学的美感。

（3）李老师，您好！我们原定于明天下午两点钟请您到学校科报厅给我们开设讲座，但非常抱歉，要改到明天下午四点钟了，地点在会议室，不知道您是否方便？

10.（1）③　①　④　②

（2）作者之所以对昆虫世界如此了解，就是在于他细致地观察和不断地思考探究！

11.D

12.C

13.（1）①螳螂　②蟋蟀

（2）有助于更清晰地了解《昆虫记》的内容，把握昆虫形象特点，从而领会作者的写作意图。

14.（1）光亮产生于萤的呼吸器官，由连接着萤火虫的呼吸器官的细管提供的空气与萤火虫体内自身的“可燃物”混合，产生“氧化作用”，从而产生光亮。

（2）法布尔通过细心观察，反复试验，认真钻研，运用准确的语言，科学地说明了萤的发光原理以及影响萤发光的方法。运用拟人等修辞手法，语言生动传神，充满对萤的喜爱之情，还充满了浓浓的文学色彩。比如：“这个聪明的小动物”“那些十分幼稚可爱的小动物”以及“要是哪天萤不高兴了”等等。

（3）法布尔对于昆虫的形态、习性、劳动、繁衍和死亡的描述，处处洋溢着对生命的尊重，对自然的赞美，敬畏生命的情怀，给《昆虫记》注入了灵魂和生气。

15.（1）产卵　孵化　幼虫第一次蜕皮（或幼虫落地）　未成长的蝉（或幼虫的地下生活）

（2）列数字，通过具体数据的罗列，准确地说明了蝉产卵的数量多的特点，进而为后文“产卵多是为了在遭到破坏时能有幸存者”做铺垫。

（3）本文的语言生动，是带有文学性的说明文。如第6段“这可怜的母亲一直一无所知。……不过它竟不能改变它的本能来拯救它的家族。”用拟人的手法写出了蝉面对蚋来侵害蝉卵时无所作为的本能，融入了作者的惋惜之情。

（4）两者的说法并不矛盾。“苦工”是就未长成的蝉的地下生活时间之久而言的，“秘密”是对未成长的蝉的地下生活具体方式而言的。

（5）法布尔　掌握田野无数小虫子秘密的语言大师

16.（1）B

（2）①察探捕猎对象　②打开勾状颚　③击打蜗牛外壳

（3）文艺性（或生动性、科学小品、事物）　打比方　尾部带有光亮　生动活泼（生动形象、诙谐幽默）

17.（1）蟹蛛的得名，蟹蛛的捕食方法，蟹蛛的生活习性，蟹蛛的外形及色彩。

（2）作比较的说明方法，拿蟹蛛和彩带蛛的服装色彩作比较，突出说明了蟹蛛服装色彩优雅的特点。

（3）它并不将蜜蜂捆起来，后者是由于后颈被叮咬而突然丧命的。

（4）科学与文学　“昆虫的史诗”